iLike 就业 CorelDRAW X5 中文版多功能教材

叶 华 编著

电子工业出版社

Publishing House of Electronics Industry

北京·BEIJING

内 容 简 介

本书以大量的实例为载体，通过相对生动的语言将理论穿插在实际操作中，以实例陈述理论，并详细介绍了如何利用 CorelDRAW X5 的各种功能来绘制图形或编辑图像。通过对本书的学习，可以使读者比较全面地了解软件中的理论知识和一些技术细节。编者在编写本书时从读者的角度出发，以具体实例的方式将 CorelDRAW X5 展现在了读者的面前。希望读者在阅读本书的过程中可以掌握软件的各种操作方法和技巧，以便在日后的实践中得以充分发挥。

本书可作为大专院校的师生、电脑平面设计人员、电脑美术爱好者以及与图形图像设计相关的工作人员的学习、工作参考用书。

未经许可，不得以任何方式复制或抄袭本书之部分或全部内容。

版权所有，侵权必究。

图书在版编目（CIP）数据

iLike 就业 CorelDRAW X5 中文版多功能教材 / 叶华编著. —北京：电子工业出版社，2011.7
ISBN 978-7-121-13659-7

Ⅰ. ①i… Ⅱ. ①叶… Ⅲ. ①图形软件，CorelDRAW X5—教材 Ⅳ. ①TP391.41

中国版本图书馆 CIP 数据核字（2011）第 100324 号

责任编辑：李红玉
文字编辑：易 昆
印　　刷：三河市鑫金马印装有限公司
装　　订：
出版发行：电子工业出版社
　　　　　北京市海淀区万寿路 173 信箱　邮编　100036
　　　　　北京市海淀区翠微东里甲 2 号　邮编　100036
开　　本：787×1092　　1/16　印张：15　字数：380 千字
印　　次：2011 年 7 月第 1 次印刷
定　　价：32.00 元

前　　言

本书主要讲述 CorelDRAW X5 各方面的功能，它以大量篇幅相对较短的实例为载体，向读者阐述了软件各项功能的使用方法和技巧，也展示了如何利用该软件进行设计与创作。

根据编者对软件的理解与分析，最终编者将本书划分为 9 个课业内容，这种安排比较合理地将软件中各方面的知识从整体中分离了出来。

第 1 课中，编者使用理论加图示的方法向读者介绍了 CorelDRAW X5 的基础知识。编者将基础知识归纳为若干知识点，使得知识在讲述过程中具有针对性。本课的知识点主要包括图形与图像的基本知识、CorelDRAW X5 工作界面的介绍、文件的基本操作、页面的设置和显示、查找和替换以及如何查阅文档信息。

第 2~8 课中，编者向大家具体介绍了 CorelDRAW X5 中的各项基本功能。这些知识点都是以实际操作的方式展现出来的，读者可以跟随实例的操作，逐步进行学习。如此一来，读者会更容易接受知识的传授。相比单一的文字理论类书籍来讲，这是比较生动的一种方式。另外，本书在实例的编排中，还插有注意、提示和技巧等小篇幅的知识点，都是一些平时容易出错的地方或者是一些操作中的技巧，这样便于读者常握一些平时不易注意的知识点。这些课业内容主要包括绘制和编辑图形、绘制和编辑曲线、对象组织与造型、编辑轮廓线与填充颜色、文本处理、使用交互式工具以及图形和图像处理。

第 9 课主要介绍了关于打印、条形码制作和网络发布的一些知识点，属于设计制作的后期工作，也是十分重要的，大家通过对本课的学习，可以将作品展示出来。

本书在每课的具体内容中也进行了十分科学的安排，首先介绍了知识结构，其次列出了对应课业的就业达标要求，然后紧跟具体内容，为读者的学习提供了非常明确的信息与步骤安排。本书含配套资料，素材和源文件都在同一章节中存放，素材文件的具体位置均在文稿中得以体现，读者可以根据提示找到文件的位置。

本书在编著的过程中，因为得到出版社的领导以及编辑老师的大力帮助，才得以顺利出版，在此对他们表示衷心的感谢。由于全书整理时间仓促，书中难免有不妥之处，望广大读者批评指正。

为方便读者阅读，若需要本书配套资料，请登录“北京美迪亚电子信息有限公司”（http://www.medias.com.cn），在“资料下载”页面进行下载。

目　　录

第 1 课
CorelDRAW X5 快速入门

本课知识结构

　　CorelDRAW 是一款优秀的矢量绘图软件，是由加拿大 Corel 公司研发出品的，CorelDRAW X5 作为该软件目前的最新版本，增加了更多实用的功能，为用户提供了更为方便、快捷的操作环境。编者将带领读者在本课中学习关于 CorelDRAW X5 的入门知识。充分了解涉及软件的基础知识，是学习软件其他知识的前提，也是开展设计的必要条件。希望读者通过本课的学习，可以快速对 CorelDRAW X5 有一个较为全面的了解。

就业达标要求

　☆　掌握图形与图像的基本知识　　　☆　掌握如何进行页面的设置和显示
　☆　认知 CorelDRAW X5 工作界面　　☆　掌握如何进行查找和替换
　☆　掌握文件的基本操作　　　　　　☆　掌握如何查阅文档信息

1.1　图形图像基本知识

　　要想对一个软件快速入门，首先要做的工作就是对该软件的一些基本理论知识进行全面、细致的了解。作为学习 CorelDRAW X5 的开端，下面编者将向大家介绍一些关于图形图像的基础知识，这样的知识安排，有助于读者对软件展开具有承接性的学习，也是为日后的独立创作打好基础。

　1. 矢量图形和位图图像

　　矢量图形和位图图像都是计算机记录数字图像的方式。通过数学方法记录的数字图像称为矢量图，而位图则用像素点阵的方法进行记录。CorelDRAW 的编辑对象以矢量图形为主，也可以将绘制好的矢量图形转换为位图或是在软件中导入位图，进而展开具体的编辑。

　　● 矢量图形：矢量图形又称向量图，是以线条和颜色块为主构成的图形。由于矢量图形由一些基本形状及线条所构成，所以在填充颜色时既可以沿线条的轮廓边缘进行着色，又可以对其内部进行填充。此外，在对矢量图形进行缩放时，对象的清晰度和弯曲度不会改变，并且对其操作后所得到的结果也不会改变。矢量文件中的图形元素称为对象，每个对象都是独立的个体，具有形状、大小、颜色和轮廓线等属性，如图 1-1 所示。

- 位图图像：位图是由无数个像素点构成的图像，又称为点阵图。位图中每个像素点都具有固定的位置与颜色值，色彩丰富、效果逼真的位图图像就是通过大量像素点的不同着色和排列而构成的。一般情况下，位图图像的表现效果都非常到位，在视觉上同时具有美观与逼真的双重特点，如图 1-2 所示。

图 1-1　矢量插画

图 1-2　位图图像

位图图像与分辨率的设置有关。当位图图像以过低的分辨率打印或是以较大的倍数放大显示时，图像的边缘就会出现锯齿，如图 1-3 和图 1-4 所示。所以，在制作和编辑位图图像之前，应该首先根据输出的要求调整图像的分辨率。

图 1-3　原位图图像

图 1-4　将图像局部放大的效果

2. 分辨率

分辨率对于数字图像的显示及打印等，都起着至关重要的作用，常以"宽×高"的形式来表示。最常见的分辨率包括图像分辨率、屏幕分辨率以及打印分辨率。

- 图像分辨率：图像分辨率通常以像素/英寸来表示，具体是指图像中存储的信息量。

图像分辨率以比例关系影响着文件的大小，即文件大小与其图像分辨率的平方成正比。图像分辨率和图像尺寸的具体数值一起决定文件的大小及输出的质量，该值越大，图形文件所占用的磁盘空间也就越多。

- 屏幕分辨率：屏幕分辨率通常以点/英寸（dpi）来表示，具体是指显示器上每单位长度显示的像素或点的数量，所以也称为显示器分辨率。显示器分辨率取决于显示器的大小及其像素设置，一般显示器的分辨率为 72dpi 或 96dpi。显示器在显示图像时，图像像素直接转换为显示器像素，如此一来，当图像分辨率高于显示器分辨率时，在屏幕上显示的图像比其指定的打印尺寸大。

- 打印机分辨率：打印机分辨率是指激光打印机（包括照排机）等输出设备产生的每英寸油墨点数（dpi）。大部分桌面激光打印机的分辨率为 300dpi～600dpi，而高档照排机能够以 1200dpi 或更高的分辨率进行打印。

如果图像用于印刷，分辨率不应低于 300dpi；应用于网络的图像，分辨率只需满足典型的显示器分辨率即可；如果要对图像进行打印输出，则需要符合打印机或其他输出设备的要求，所以说，图像的最终用途决定了图像分辨率的设定。

3. 色彩模式

在矢量软件中进行绘图，如果想达到比较强的表现力，就要注意颜色的合理使用。如果颜色运用得恰到好处，就会产生很好的表现效果。CorelDRAW 支持多种颜色模式，其中提供了具有强大功能的调色板和颜色处理工具。

CorelDRAW 所支持的多种色彩模式是一种将色彩数据化的表示方法。通俗来讲，就是将颜色分成几个不同的基本颜色组件，然后经过组件中颜色的调配，得到种类丰富的颜色。CorelDRAW 中含有多种色彩模式，具体包括 CMYK 模式、RGB 模式、Lab 模式、HSB 模式和灰度模式等。

- CMYK 模式：系统默认的色彩模式是 CMYK 颜色模式，并且此种颜色模式在设计行业中也是比较常见的。CMYK 模式是印刷领域主要运用的颜色模式。由于纸上的颜色是通过油墨吸收（减去）一些色光，而将其他光反射到观察者的眼里而产生色彩效果的，因此 CMYK 模式是一种减色模式。在 CMYK 模式中，C（Cyan）代表青色，M（Magenta）代表品红色，Y（Yellow）代表黄色，K（Black）代表黑色。

- RGB 模式：RGB 模式就是指光学中的三原色，R（Red）代表红色，G（Green）代表绿色，B（Blue）代表蓝色。自然界中只要是肉眼可见的颜色都可以通过这三种基本色彩混合得到，所以 RGB 颜色模式是一种加色模式。每种颜色都有 256 种不同的亮度值，运用这种颜色模式填充对象的颜色会得到逼真的绘制效果，可视性极强。

- Lab 模式：Lab 模式是目前包括颜色数量范围最广的模式，Lab 颜色由亮度（光亮度）分量和两个色度分量组成。L 代表光亮度分量，范围为 0～100，a 分量表示从绿色到红色到黄色的光谱变化，b 分量表示从蓝色到黄色的光谱变化，两者的范围都是 ＋120～－120。Lab 颜色模式最大的优点是颜色与设备无关，无论使用什么设备（如显示器、打印机、计算机或扫描仪）创建或输出图像，这种颜色模式产生的颜色都可以保持一致。

- HSB 色彩模式：该模式是基于色调、饱和度和亮度这三个方面来考虑颜色的分配的，它以人们对颜色的感觉为基础，描述了颜色的几个基本特性，H（Hue）代表色调，S（Saturation）代表饱和度，B（Brightness）代表亮度。

- 灰度模式：灰度模式只包含颜色的灰度信息，没有色调、饱和度等彩色信息，该模式共有 256 种灰度级，其设置范围为 0～255。

4．文件格式

CorelDRAW X5 自身的文件格式为 CDR，它与其他矢量绘图软件默认使用的文件格式之间也可以互相转换，另外还可以向软件中导入 PDF、TXT、BMP、JPEG、GIF、TIFF 等格式的图片。

- CDR：CDR 格式是 CorelDraw 的专用图形文件格式。由于 CorelDraw 是绘制矢量图形的软件，所以 CDR 格式可以记录文件的属性、位置和分页等。但它在兼容度上比较差，其他图像编辑软件一般打不开该格式的文件。

- AI：AI 格式是 Illustrator 软件创建的矢量图形文件格式，AI 格式的文件可以直接在 Photoshop 和 CorelDRAW 等软件中打开，当在 CorelDRAW 中打开时，文件仍为矢量图形，并且可以对图形的形状和颜色进行编辑。

- EPS：EPS 是 Encapsulated PostScript 首字母的缩写。EPS 可以说是一种通用的行业标准格式，可同时包含像素信息和矢量信息。除了多通道模式的图像之外，其他模式都可存储为 EPS 格式，但是它不支持 Alpha 通道。EPS 格式可以支持剪贴路径，可以产生镂空或蒙版效果。

- PDF：PDF（可移植文档格式）格式是 Adobe 公司开发的，用于 Windows、Mac OS 和 DOS 系统的一种电子出版软件的文档格式。与 PostScript 页面一样，PDF 文件可以包含位图和矢量图，还可以包含电子文档查找和导航功能，例如电子链接。Photoshop PDF 格式支持 RGB、索引颜色、CMYK、灰度、位图和 Lab 颜色模式，不支持 Alpha 通道。PDF 格式支持 JPEG 和 ZIP 的压缩，但是位图颜色模式下除外。

- TXT：TXT 文件是最常见的一种文件格式，早在 DOS 时代应用就很多。该格式的文件主要存储文本信息，即为文字信息。

- BMP：BMP 是 Windows 平台下的标准位图格式，使用非常广泛，一般的软件都对其提供了非常好的支持。BMP 格式支持 RGB、索引颜色、灰度和位图颜色模式，但不支持 Alpha 通道。保存位图图像时，可选择文件的格式（Windows 操作系统或 Mac OS 苹果操作系统）和颜色深度（1～32 位），对于 4～8 位颜色深度的图像，可选择 RLE 压缩方案，这种压缩方式不会损失数据，是一种非常稳定的格式。BMP 格式不支持 CMYK 颜色模式的图像。

- JPEG：JPEG 文件比较小，是一种高压缩比、有损压缩真彩色图像文件格式，所以在注重文件大小的领域应用很广，比如上传到网络上的大部分高颜色深度图像。在压缩保存的过程中与 GIF 格式不同，JPEG 保留 RGB 图像中的所有颜色信息，以失真最小的方式去掉一些细微数据。JPEG 图像到打开时自动解压缩。

- GIF 格式也是一种非常通用的图像格式，由于最多只能保存 256 种颜色，且使用 LZW 压缩方式压缩文件，因此 GIF 格式保存的文件非常轻便，不会占用太多的磁盘空间，非常适合 Internet 上的图片传输。在保存图像为 GIF 格式之前，需要将图像转换为位图、灰度或索引颜色等颜色模式。GIF 采用两种保存格式，一种为"正常"格式，可以支持透明背景和动画格式；另一种为"交错"格式，可让图像在网络上由模糊逐渐转为清晰的方式显示。

- TIFF：TIFF 是一种比较灵活的图像格式，它的全称是 Tagged Image File Format，文件扩展名为 TIF 或 TIFF。该格式支持 256 色、24 位真彩色、32 位色、48 位色等多种色彩位，同时支持 RGB、CMYK 等多种色彩模式，及支持多平台。TIFF 文件可以是不压缩的，但文件体积较大；也可以是压缩的，它支持 RAW、RLE、LZW、JPEG、CCITT 等多种压缩方式。

1.2　CorelDRAW X5 的操作界面

CorelDRAW X5 的工作界面主要由菜单栏、属性栏、工具箱、调色板、标题栏、状态栏等部分组成，如图 1-5 所示。

图 1-5　CorelDRAW X5 的工作界面

1. 标题栏

位于窗口的正上方，显示了 CorelDRAW 的版本和正在绘制的图形名称。在标题的左边是控制菜单按钮，右边是控制窗口最小化、最大化和关闭窗口的按钮。

2. 菜单栏

CorelDRAW X5 中的菜单栏包含"文件"、"编辑"、"视图"、"布局"、"排列"、"效果"、"位图"、"文本"、"表格"、"工具"、"窗口"和"帮助"共 12 个菜单。每个菜单又包含了相应的子菜单。

需要使用某个命令时，首先单击相应的菜单名称，然后从下拉菜单列表中选择相应的命令即可。一些常用的菜单命令右侧显示有该命令的快捷键，如"编辑"|"剪切"菜单命令的快捷键为 Ctrl＋X，记住一些常用命令的快捷键，可以加快操作速度，提高工作效率。

有些命令的右边有一个黑色的三角形，表示该命令还有相应的下拉子菜单，将鼠标移至该命令，即可弹出其下拉菜单。有些命令的后面有省略号，表示用鼠标单击该命令即可弹出相应的对话框，用户可以在对话框中进行更为详尽的设置。有些命令呈灰色，表示该命令在当前状态下不可以使用，需要选中相应的对象或进行了合适的设置后，该命令才会变为黑色，呈可用状态。

3. 标准工具栏

标准工具栏中包括了一些以按钮方式存在的常用菜单命令，用户可以更方便地使用它们，如图 1-6 所示。

图 1-6　标准工具栏

4. 属性栏

属性栏和用户所选取的对象或所使用的工具是相关联的。选取不同的对象或使用不同的工具，属性栏就会随之变化，显示出最常用的操作按钮。如使用"选择工具" <img>选择一条曲线后，属性栏如图 1-7 所示。

图 1-7　属性栏

5. 工具箱

工具箱是每一个设计者在编辑图像过程中必不可缺少的工作组件之一，工具箱在 CorelDRAW 界面的左侧，其中包括许多具有强大功能的工具，如图 1-8 所示，使用这些工具可以在绘制和编辑图形的过程中制作出精美的效果。在 CorelDRAW X5 中，设计者对工具箱的内容做了些许调整，其中有单独分离出来的工具，也有新增的工具，编者将在此后的章节中加以介绍。

要使用某种工具，直接单击工具箱中的该工具即可。工具箱中的许多工具并没有直接显示出来，而是以成组的形式隐藏在右下角带小三角形的工具按钮中，使用鼠标按住该工具不放，即可弹出展开式工具条，如图 1-9 所示为 "形状工具" 展开后的状态。

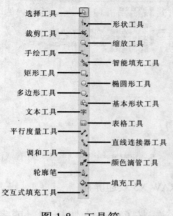

图 1-8　工具箱　　　　　　　图 1-9　展开形状工具

6. 绘图页面

设定打印纸张的大小，在页面中的图形才会被正确打印。

7. 绘图工作区

绘图工作区是指页面外的空白区域，可以在这里自由绘图，完成后将图像移动到页面中。绘图工作区域的对象不会被打印。

8. 泊坞窗

它提供了更方便的操作和组织管理对象的方式。在绘图的过程中，可一直打开它以访问常用的操作，或试验不同的效果。"泊坞窗" 可以泊于应用程序的边缘，或者可以使其出泊，"泊坞窗" 入泊后，可以将它最小化，使它不占用屏幕空间。

9. 调色板

调色板是存放颜色的地方，CorelDRAW X5 已经调配好了相当丰富的颜色，直接从中选择不同的颜色来使用就行了，用户也可以自定义喜欢的颜色作为一个专用色盘。

10. 状态栏

显示图形对象的名字、位置、格式、大小、填色、外框等信息。

1.3　文件的基本操作

在 CorelDRAW X5 中，绘图是主要的工作内容，但在一切操作开始之前，首先要对 CorelDRAW X5 中文件的基本操作进行了解，这也是展开创作的基础条件。

1. 新建和打开文件

● 新建文件：在进入工作界面之前，在欢迎屏幕中单击 "新建空白文档" 选项，即可建立一个新文件。单击 "从模板新建" 选项，可以快速创建具有固定格式的文件，如图 1-10 所示。选择 "文件" | "新建" 命令、按 Ctrl＋N 快捷键，或者在标准工具栏上单击 "新建" 按钮也可以新建文件，并可以在属性栏中调整页面尺寸。

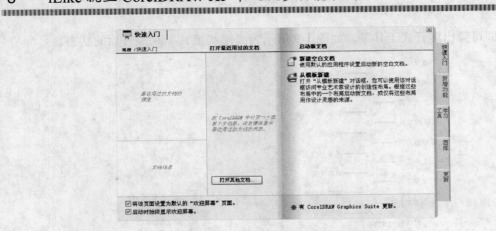

图 1-10　CorelDRAW X5 欢迎屏幕

● 打开文件：选择"文件"|"打开"命令、按 Ctrl＋O 快捷键，或者在标准工具栏上单击"打开"按钮，可以打开文件。在欢迎屏幕中单击"打开其他文档"按钮，可以通过弹出的"打开绘图"对话框打开需要的图形文件，如图 1-11 所示。

图 1-11　"打开绘图"对话框

　欢迎屏幕中会显示出最近使用过的文件的名称，单击相应的文件名称，就可以打开对应的文件。

2. 保存和关闭文件

● 保存文件：选择"文件"|"保存"命令，或按 Ctrl＋S 快捷键，或者在标准工具栏上单击"保存"按钮，可保存文件。也可以选择"文件"|"另存为"命令或按 Ctrl＋Shift＋S 快捷键，来重命名保存文件。

> **提示**　CorelDRAW X5 文件默认的保存类型是.cdr，即文件被保存为以.cdr 为后缀的文件。若用户想另存为别的类型，可在"保存类型"下拉框中进行选择。CorelDRAW X5 为了使其文件能被低版本的 CorelDRAW 软件调用，"保存绘图"对话框还提供了"版本"选择，用户可将文件保存为其他版本的文件。

- 关闭文件：选择"文件"|"关闭"命令或者单击文件窗口右上角的"关闭"按钮✕，即可关闭文件。当关闭多个文件时可以选择"文件"|"全部关闭"命令，此外，在关闭文件之前如果想保存所做的修改，必须保存文件，如果要放弃修改，可以关闭文件而不加以保存。

3．导入和导出文件

- 选择"文件"|"导入"命令，或按 Ctrl＋I 快捷键，或者在标准工具栏上单击"导入"按钮，可以打开"导入"对话框，如图 1-12 所示。通过该对话框，可以将多种格式的图形、图像文件导入到 CorelDRAW X5 中。

图 1-12　"导入"对话框

- 选择"文件"|"导出"命令，按 Ctrl＋E 快捷键，或者在标准工具栏上单击"导出"按钮，可以将创建的内容导出为选定格式的文件。

1.4　页面的设置和显示

在应用 CorelDRAW X5 进行设计制作之前，首先要对作品的尺寸进行设置，CorelDRAW X5 预设了多种页面样式供用户选择。在使用 CorelDRAW X5 绘图的过程中，可通过改变绘图页面的显示模式以及显示比例来更加细致地观察所绘图形的整体或局部情况。

1．页面的设置

- 设置页面大小：利用"选择工具"的属性栏可以轻松地对 CorelDRAW 的文件页

面进行设置，如图 1-13 所示。在属性栏中可以设置纸张的类型/大小、纸张的高度和宽度、纸张的方向等。若选择"布局"|"页面设置"命令，可弹出"选项"对话框，如图 1-14 所示。在对话框中，可以对页面的纸张类型、大小和方向等进行设置，还可以设置页面出血、分辨率等。

图 1-13　选择工具属性栏

- 设置布局样式：选择"布局"选项，在显示的对话框中可以选择版面的样式。选择"对开页"复选框可以在屏幕上同时显示相连的两页，通过使用该选项可以创建横跨两页的对象，从而增加作品的幅度，使其引人注目，此外，还可以指定文档的起始方向，如图 1-15 所示。

图 1-14　"选项"对话框

图 1-15　布局设置

- 设置标签类型：选择"标签"选项，显示的对话框中汇集了由多家标签制造商设计的许多种标签格式，在打印时软件会根据打印纸张的大小来自动排列对象，如图 1-16 所示。
- 设置页面背景：选择"背景"选项，在对话框中可以选择纯色或位图图像作为绘图页面的背景，如图 1-17 所示。

图 1-16　设置标签类型

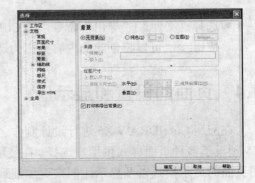

图 1-17　设置页面背景

- 设置多页面文件：在 CorelDRAW X5 中进行绘图工作时，经常需要在同一个文件中添加多个空白页面、删除页面或重命名页面。

插入页面：选择"布局"|"插入页面"命令，弹出"插入页面"对话框，如图 1-18 所示。在对话框中可以设置插入页面的数目、位置、页面大小和方向等选项。在 CorelDRAW X5 页面控制栏的页面标签上单击鼠标右键，弹出如图 1-19 所示快捷菜单，在菜单中选择插入页的命令，也可以插入新的页面。

图 1-18　"插入页面"对话框

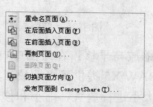

图 1-19　弹出的菜单

删除页面：选择"布局"|"删除页面"命令，弹出"删除页面"对话框，如图 1-20 所示。在对话框中可以设置要删除的页面序号，也可以同时删除多个连续的页面。

重命名页面：选择"布局"|"重命名页面"命令，弹出"重命名页面"对话框，如图 1-21 所示。在对话框中的"页名"选项中输入名称，单击"确定"按钮，即可重命名页面。

跳转页面：选择"布局"|"转到某页"命令，弹出"转到某页"对话框，如图 1-22 所示。在对话框中的"转到某页"选项中输入页面序号，单击"确定"按钮，即可快速转到目标页面。

图 1-20　"删除页面"对话框

图 1-21　"重命名页面"对话框

图 1-22　"转到某页"对话框

2．页面的显示

● 视图显示模式：使用"视图"菜单可以选择适当的视图显示模式，不同的视图模式显示的效果不同，如图 1-23～图 1-27 所示。由于线框模式与简单线框模式效果相似，所以在此不再展示。

图 1-23　线框模式

图 1-24　草稿模式

图 1-25　正常模式

图 1-26 增强模式   图 1-27 像素模式

- 视图的缩放与平移：在绘图中，有时需要查看某一图形或查看制图的某一部分，CorelDRAW X5 提供了"缩放工具" 🔍 和"平移工具" ✋，使用它们可以对绘图的页面及大小进行放大、缩小和移动。

  缩放工具：缩小绘图页面可以得到更为全面、细致的浏览效果，放大绘图页面可以为绘图对象进行更为细致的编辑，"缩放工具" 🔍 属性栏如图 1-28 所示。

图 1-28 缩放工具属性栏

 如果双击"缩放工具" 🔍，可以查看全部对象。按下 F9 快捷键，可以在全屏幕状态下显示绘图区中的图形。选择"视图"|"页面排序器视图"命令，可以将多个页面同时显示出来。

  平移工具："平移工具" ✋ 用于移动整个页面，但是不改变图形的大小。在使用其他工具时，按住 H 键可切换至平移工具，在拖动鼠标的过程中即可移动页面。双击鼠标，可以使图像放大显示，单击鼠标右键可以缩小显示图像。

1.5 查找和替换

CorelDRAW X5 查找和替换向导允许搜索各种常规对象以及指定属性的对象，查找向导会指导用户一步步查找绘图中满足指定条件的对象，在完成搜索之后，可以保存搜索条件，以便以后使用。该功能在处理文本对象时具有非常重要的作用。

1. 查找

"查找"向导可以标识对象，这些对象所匹配的搜索条件是指定给具有特定属性的图形和文本对象的，也可以搜索与绘图中选定对象的条件相匹配的对象。

- 对象查找：选择"编辑"|"查找并替换"|"查找对象"命令，弹出"查找向导"对话框，如图 1-29 所示。选择"开始新的搜索"单选按钮，表示开始新的搜索，单击"下一步"按钮，弹出对话框如图 1-30 所示。在对话框中设置需要查找的对象以及

属性，单击"下一步"按钮继续查找，按照向导的提示进行操作直到结束。按照操作提示逐步查找直到查找结束后，如果找到了，将显示查找到的对象，如果没有找到，系统提示对话框如图 1-31 所示。

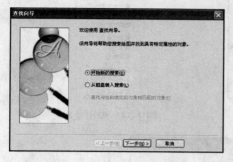
图 1-29　"查找向导"对话框

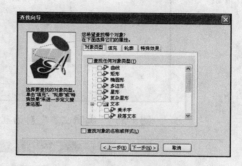
图 1-30　设置查找的对象类型

　如果选择"从磁盘装入搜索"单选按钮，表示可以装入预设的或以前保存过的搜索条件，单击"下一步"按钮打开的对话框如图 1-32 所示。

图 1-31　提示对话框

图 1-32　"打开"对话框

- 文本查找：在进行文本编辑的时候也可以对文本进行查找操作。选择创建的文本，在属性栏中单击"编辑文本"按钮 abl，弹出"编辑文本"对话框，如图 1-33 所示。单击"选项"按钮，弹出图 1-34 所示的菜单。在弹出菜单中选择"查找文本"选项，弹出"查找文本"对话框，如图 1-35 所示。在"查找"文本框中键入所需要查找的文字，然后单击"查找下一个"按钮，如果找到需要的文本，则文本会突出显示，如图 1-36 所示。如果查找到文本最后，继续单击"查找下一个"按钮，系统会弹出如图 1-37 所示的提示对话框。如果需要区分大小写，请选中"区分大小写"复选框。

2.　替换

"替换"向导将指导用户完成对颜色、调色板轮廓笔属性、字体、大小等的替换。对于文本既可以搜索特定的文本字符，也可以搜索具有指定属性的文本。

图 1-33 "编辑文本"对话框   图 1-34 弹出菜单

图 1-35 "查找文本"对话框

图 1-36 突出显示查找文本   图 1-37 提示对话框

- 对象替换：选择"编辑"|"查找并替换"|"替换对象"命令，弹出"替换向导"对话框，如图 1-38 所示。
- 替换颜色：表示可以用其他颜色替换指定的颜色。
- 替换颜色模型或调色板：表示用其他颜色模型或调色板替换当前指定的颜色模型或调色板。
- 替换轮廓笔属性：表示可以替换绘图中指定的轮廓笔属性。
- 替换文本属性：表示可以用其他文本替换当前指定的文本属性。

单击"下一步"按钮弹出如图 1-39 所示的对话框。在对话框中设定好替换设置后，单击"完成"按钮，替换向导将替换匹配搜索条件的第一个对象属性，如果没有找到替换信息，则显示对话框如图 1-40 所示。

- 替换文本：在编辑文本的时候，也可以对文本进行替换。选择创建的文本，选择"编辑"|"查找并替换"|"替换文本"命令，打开"替换文本"对话框，如图 1-41 所示。在"查找"输入框中键入需要查找的内容，在"替换为"输入框中键入需要替换的内容，设置完毕后单击"查找下一个"按钮，找到对象后，单击"替换"按钮，

即可替换内容，根据需要可以再次单击"查找下一个"按钮找到下一对象。如果所有的对象都需要替换，可以直接单击"全部替换"按钮，替换所有对象。

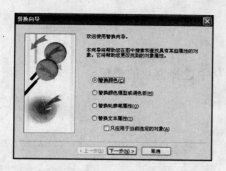

图 1-38　"替换向导"对话框

图 1-39　设置替换颜色

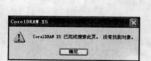

图 1-40　提示对话框

图 1-41　"替换文本"对话框

1.6　文档属性

用户可以通过"文档属性"对话框查看当前文档的存放位置、文件大小、页面尺寸等参数。选择"文件"|"文档属性"命令，可打开"文档属性"对话框，如图 1-42 所示。在对话框中可以看到当前文件的有关信息，例如，存放位置、文件大小、分辨率、图形对象等。

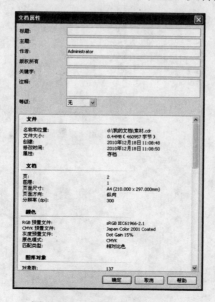

图 1-42　"文档属性"对话框

课后练习

1．从模板新建文件。

要求：

（1）启动 CorelDRAW X5。

（2）在欢迎屏幕中单击"从模板新建"选项，从中选择喜欢的模板。

（3）打开模板，将文件另存为不同名称。

2．替换图形颜色。

要求：

（1）在页面中绘制一些圆形，填充蓝色。

（2）利用"编辑"|"查找并替换"|"替换对象"命令将图形颜色替换为红色。

第 2 课
绘制和编辑图形

本课知识结构

CorelDRAW X5 绘制和编辑图形的功能非常强大，本课将主要针对绘制和编辑图形的基本方法进行讲述，为读者进一步学习 CorelDRAW X5 打下坚实的基础。

就业达标要求

☆ 矩形和椭圆形工具   ☆ 多边形和星形工具

☆ 图纸工具和螺纹工具   ☆ 基本形状工具

☆ 选取、复制、移动图形   ☆ 变换图形

2.1 实例：卡通插画（绘制基本图形）

很多复杂的图形都是由椭圆形、矩形、多边形等基本构图元素组成的，只有学会了基本图形工具的使用，才可以绘制出较复杂的图形。

下面将以"卡通插画"为例，详细讲解基本图形工具的使用方法。绘制完成的"卡通插画"效果如图 2-1 所示。

1. 绘制矩形

（1）选择"文件"|"打开"命令，或按 Ctrl＋O 快捷键，或者在标准工具栏上单击"打开"按钮📁，打开配套资料\Chapter-02\素材\"卡通插画素材.cdr"文件，如图 2-2 所示。

（2）使用"矩形工具"▢可以绘制矩形、正方形和圆角矩形，使用"3 点矩形工具"▱可以直接绘制倾斜的矩形。选择"矩形工具"▢，在绘图窗口中拖动，释放鼠标后即可绘制矩形，如图 2-3 所示。

（3）按住 Shift 键拖动，可以绘制以鼠标按下点为中心，向四周扩展的矩形。按住 Ctrl 键拖动，则可以绘制正方形。按住 Ctrl＋Shift 键拖动，可以绘制以鼠标按下点为中心，向四周扩展的正方形，如图 2-4 所示。

图 2-1　卡通插画

图 2-2　素材文件

图 2-3　绘制矩形

（4）双击"矩形工具" ，可以绘制出一个和绘图页面大小一样的矩形，如图 2-5 所示。

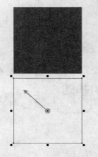

图 2-4　绘制正方形

图 2-5　创建与绘图页面大小一样的矩形

 在工具箱中单击"3 点矩形工具" 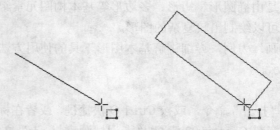，然后在绘图窗口中拖出一条任意方向的线段作为矩形的一条边，再拖动确定另一条边，就可以创建一个任意倾斜角度的矩形，如图 2-6 所示。

图 2-6　直接绘制倾斜矩形

2．绘制圆角矩形

（1）选择"矩形工具" 后，会显示对应的属性栏，如图 2-7 所示，用户可以通过改变属性栏中 的数值来设置矩形圆角的度数，得到圆角矩形，如图 2-8 所示，数值的有效范围在 0～100 之间，数值越大，矩形边角越圆滑。

（2）单击右上角的"全部圆角"按钮 ，改变其中一个参数，其他 3 个参数将会一起改变，此时矩形的圆角程度相同，反之，则可以设置不同的圆角度，如图 2-9 所示。

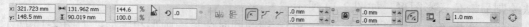

图 2-7　矩形工具属性栏

图 2-8　绘制圆角矩形

图 2-9　绘制不同圆角度的圆角矩形

 如何使用鼠标拖动矩形节点绘制圆角矩形？

绘制一个矩形，选择"形状工具" ，选中矩形边角的节点。按住鼠标左键拖动矩形边角的节点，可以改变边角的圆角程度，释放鼠标，圆角矩形效果如图 2-10 所示。

图 2-10　使用鼠标拖动矩形节点绘制圆角矩形

3.　绘制椭圆形

（1）使用"椭圆形工具" 可以绘制椭圆形、圆形、饼形和弧形，使用"3 点椭圆形工具" 可以直接绘制倾斜的椭圆形。选择"椭圆工具" ，然后在绘图窗口中拖动，释放鼠标后即可绘制椭圆形，如图 2-11 所示。

（2）按住 Shift 键拖动，可以绘制以鼠标按下点为中心，向四周扩展的椭圆形。按住 Ctrl 键拖动，则可以绘制圆形。按住 Ctrl＋Shift 键拖动，可以绘制以鼠标按下点为中心，向四周扩展的圆形，如图 2-12 所示。

图 2-11　绘制椭圆形

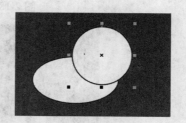

图 2-12　绘制圆形

（3）参照图 2-13 所示继续绘制多个椭圆形和圆形，使之成为云彩图形。使用同样的方法绘制另一朵云彩图形，如图 2-14 所示。

（4）选择"选择工具" ，按住 Shift 键的同时选择椭圆形和圆形，如图 2-15 所示。移动鼠标到"默认 CMYK 调色板"上方的 按钮上，单击鼠标右键，取消轮廓线的填充，如图 2-16 所示。

图 2-13　绘制多个椭圆形和圆形

图 2-14　绘制云彩图形

图 2-15　选取图形

提示　在工具箱中单击"3 点椭圆形工具" ，然后在绘图窗口中拖出一条任意方向的线段作为椭圆的一个轴，再拖动确定另一个轴，可以绘制出倾斜椭圆形，如图 2-17 所示。

图 2-16　去除图形轮廓色

图 2-17　直接绘制倾斜椭圆形

4．绘制饼形和弧形

（1）图 2-18 所示为"椭圆形工具" 属性栏，单击属性栏中的"椭圆形工具"按钮 ，可以绘制椭圆形，单击"饼图"按钮 ，可以绘制饼形，单击"弧"按钮 ，可以绘制弧形，如图 2-19 所示。在选中椭圆形工具的状态下，单击"饼图"按钮 或"弧"按钮 ，可以使椭圆形在饼形和弧形之间转换。

图 2-18　椭圆形工具属性栏

图 2-19　使用椭圆工具绘制饼形和弧形

（2）可通过改变属性栏中 ⟨icon⟩ 的数值来调整饼形与弧形图形起始角至结束角的角度大小，如图 2-20 所示。单击属性栏中的 ⟨icon⟩ 按钮，可以使饼形图形或弧形图形的显示部分与缺口部分进行调换，如图 2-21 所示。

 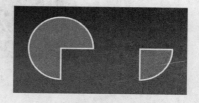

图 2-20　调整饼形起始和结束角度大小　　　　图 2-21　单击 ⟨icon⟩ 按钮前后的图形对比效果

 如何使用鼠标拖动椭圆形节点绘制饼形和弧形？

绘制一个椭圆形，选择"形状工具" ⟨icon⟩，单击轮廓线上的节点。按住鼠标左键向内拖动节点，释放鼠标，椭圆形变成饼形；向外拖动轮廓线上的节点，椭圆形变成弧形，如图 2-22 所示。

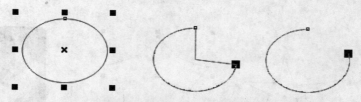

图 2-22　使用鼠标拖动椭圆形节点绘制饼形和弧形

5. 绘制多边形

（1）使用"多边形工具" ⟨icon⟩ 可以绘制多边形图形。选择"多边形工具" ⟨icon⟩，然后在绘图窗口中拖动，释放鼠标后即可绘制多边形，如图 2-23 所示。

（2）按住 Shift 键拖动，可以绘制以鼠标按下点为中心，向四周扩展的多边形。按住 Ctrl 键拖动，则可以绘制正多边形。按住 Ctrl＋Shift 键拖动，可以绘制以鼠标按下点为中心，向四周扩展的正多边形，如图 2-24 所示。

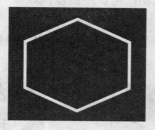 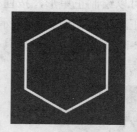

图 2-23　绘制多边形　　　　　　　　图 2-24　绘制正多边形

（3）图 2-25 所示为"多边形工具" ⟨icon⟩ 属性栏，在 ⟨5⟩ 中输入数值用于设置多边形的边数，如图 2-26 所示。

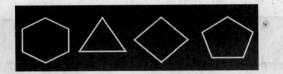

图 2-25 多边形工具属性栏

图 2-26 设置多边形的边数后的效果

如何使用鼠标拖动多边形节点绘制星形？

绘制一个多边形，选择"形状工具" ，单击轮廓线上的节点。按住鼠标左键向内或外拖动节点，释放鼠标，多边形变成星形，如图 2-27 所示。

（4）参照图 2-28 所示绘制多个多边形，然后选择"选择工具" ，按住 Shift 键，选择星形，单击"默认 CMYK 调色板"上方"白"颜色色块，为图形填充白色，如图 2-29 所示。

图 2-27 使用鼠标拖动多边形节点绘制星形

图 2-28 绘制多个多边形

6. 绘制星形与复杂星形

（1）使用"星形工具" 和"复杂星形工具" 可以绘制星形图形。选择"星形工具" ，然后在绘图窗口中拖动，释放鼠标后即可绘制星形，如图 2-30 所示。

（2）按住 Shift 键拖动，可以绘制以鼠标按下点为中心，向四周扩展的星形。按住 Ctrl 键拖动，则可以绘制正星形，按住 Ctrl＋Shift 键拖动，可以绘制以鼠标按下点为中心，向四周扩展的正星形，如图 2-31 所示。

（3）图 2-32 所示为"星形工具" 属性栏，在 中输入数值用于设置星形的边数，如图 2-33 所示。

图 2-29 为图形填充白色

图 2-30 绘制星形

图 2-31 绘制正星形

图 2-32　星形工具属性栏

（4）在 ▲ 53 中输入数值用于设置星形图形边角的锐化程度，如图 2-34 所示。

图 2-33　设置星形的边数

图 2-34　设置星形边角锐度

（5）选择"复杂星形工具" ，在绘图窗口中拖动，释放鼠标后即可绘制复杂星形，按住 Ctrl 键拖动，则可以绘制正复杂星形，如图 2-35 所示。"复杂星形工具" 属性栏与"星形工具" 属性栏相同。

（6）参照图 2-36 所示绘制多个星形，为星形填充白色，取消轮廓线的填充。

（7）使用"选择工具" 选择多边形和星形，选择"透明度工具" ，在属性栏的"透明类型" 标准 中选择"标准"透明类型；在"透明中心点" 50 中调节透明度，0 为不透明，100 为全部透明，效果如图 2-37 所示。

（8）卡通插画绘制完成，按 Ctrl＋Shift＋S 快捷键，将文件另存。

图 2-35　绘制复杂星形、正复杂星形

图 2-36　绘制多个星形

图 2-37　效果图

2.2　实例：时尚螺旋花纹（图纸工具和螺纹工具）

使用"图纸工具" 可以绘制网格图形，使用"螺纹工具" 可以绘制对称式螺纹和对数式螺纹。

下面将以"时尚螺旋花纹"为例，详细讲解图纸工具和螺纹工具的使用方法，绘制完成的"时尚螺旋花纹"效果如图 2-38 所示。

1．绘制网格图形

（1）按下 Ctrl＋N 快捷键，新建一个图形文件。

（2）选择"图纸工具" ，会显示图 2-39 所示的属性栏，设置行数为 40，列数为 40。

（3）选择"图纸工具" 在绘图窗口中拖动，释放鼠标后即可绘制出网格图形，如图 2-40 所示。

图 2-38　时尚螺旋花纹　　　　　　　　图 2-39　图纸工具属性栏

（4）按住 Shift 键拖动，可以绘制以鼠标按下点为中心，向四周扩展的网格图形，按住 Ctrl 键拖动，则可以绘制正网格图形，按住 Ctrl＋Shift 键拖动，可以绘制以鼠标按下点为中心，向四周扩展的正网格图形，如图 2-41 所示。

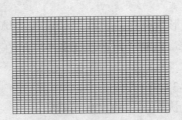

图 2-40　绘制网格图形　　　　　　　　图 2-41　绘制正网格图形

（5）使用"选择工具" ↖选择网格图形，选择"窗口"|"泊坞窗"|"彩色"命令，弹出"颜色"泊坞窗，设置颜色为（C36，M0，Y96，K4），如图 2-42 所示，然后单击"填充"按钮，为圆形填充颜色，如图 2-43 所示。

图 2-42　"颜色"泊坞窗　　　　　　　　图 2-43　为网格图形填充颜色

（6）使用"选择工具" ↖选择网格图形，单击"轮廓笔工具" ◊，弹出"轮廓笔工具"的展开工具栏，选择"画笔"选项，弹出"轮廓笔"对话框，参照图 2-44 所示设置轮廓线颜色为（K25），宽度为 0.1mm，然后单击"确定"按钮，得到图 2-45 所示效果。

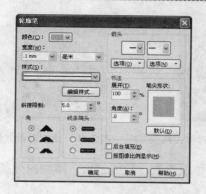

图 2-44　"轮廓笔"对话框

图 2-45　设置网格图形轮廓线

　　使用"选择工具" 选择网格图形，然后选择"排列"|"取消群组"命令，或按 Ctrl＋U 快捷键，或单击属性栏上的"取消群组"按钮，可以取消网格图形的群组状态，如图 2-46 所示。选择"排列"|"取消全部群组"命令，或单击属性栏上的"取消全部群组"按钮，可以取消所有网格图形的群组状态。

2. 绘制螺纹图形

（1）选择"螺纹工具" ，属性栏如图 2-47 所示，设置螺纹的圈数为 4。

图 2-46　解组网格图形

图 2-47　螺纹工具属性栏

（2）在绘图窗口中从左上角向右下角拖动，释放鼠标后即可绘制对称式螺纹，如图 2-48 所示。如果从右下角向左上角拖动，释放鼠标后即可绘制反向的对称式螺纹，如图 2-49 所示，对称式螺纹每一圈之间的距离都相等。

　　按住 Shift 键拖动，可以绘制以鼠标单击点为中心，向四周扩展的螺纹图形；按住 Ctrl 键拖动，则可以绘制正圆螺纹图形；按住 Ctrl＋Shift 键拖动，可以绘制以鼠标按下点为中心，向四周扩展的正圆螺纹图形。

（3）在属性栏中单击"对数式螺纹"按钮 ，然后在绘图窗口中从左上角向右下角拖动，释放鼠标后即可绘制对数式螺纹，如图 2-50 所示。如果从右下角向左上角拖动，释放鼠标后即可绘制反向的对数式螺纹，如图 2-51 所示，对数式螺纹每一圈之间的距离不相等，而是逐渐变大。

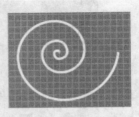

图 2-48   绘制对称式螺纹   图 2-49   绘制反向的对称式螺纹   图 2-50   绘制对数式螺纹

（4）在属性栏 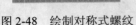 中可以设置螺纹的扩展参数，数值越大，螺纹向外扩展的幅度会逐渐变大，如图 2-52 所示。

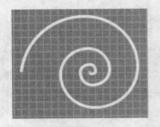

图 2-51   绘制反向的对数式螺纹   图 2-52   设置不同的螺纹扩展参数时螺纹的对比效果

（5）参照图 2-53 所示绘制多个螺纹图形，使用"选择工具" 选择螺纹图形，然后在属性栏 3.0 mm 中设置不同的轮廓线宽度，设置轮廓线颜色为白色，如图 2-54 所示。

图 2-53   绘制多个螺纹图形   图 2-54   设置螺纹图形轮廓线颜色和宽度

（6）选择"选择工具" ，按住 Shift 键，选取螺纹图形，选择"排列"|"将轮廓转换为对象"命令，或按 Ctrl＋Shift＋Q 快捷键，将螺纹图形轮廓线转换为对象。

（7）使用"选择工具" 选取螺纹图形，然后单击"填充工具" ，弹出"填充工具" 的展开工具栏，选择"渐变"选项，弹出"渐变填充"对话框，设置各选项及参数，如图 2-55 所示。

（8）单击"确定"按钮，为螺纹图形填充从白色到浅绿色（C36，M0，Y96，K4）的线性渐变，效果如图 2-56 所示。

（9）时尚螺旋花纹图形绘制完成，按 Ctrl＋S 快捷键，将文件保存。

图 2-55　"渐变填充"对话框

图 2-56　为螺纹图形填充线性渐变

2.3　实例：心形许愿树（基本形状工具）

"基本形状工具"包括"基本形状工具" 、"箭头形状工具" 、"流程图形状工具" 、"标题形状工具" 和"标注形状工具" 5种，这5种工具的属性栏基本相同，如图 2-57 所示。区别在于，选取这5种不同的工具时，属性栏中的"完美形状"按钮 将以不同的形态存在，单击"完美形状"按钮 ，将弹出相对应的形状图形面板，如图 2-58 所示。

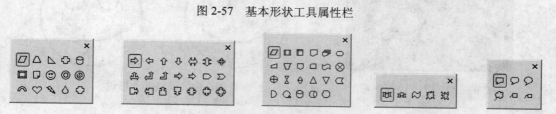

图 2-57　基本形状工具属性栏

图 2-58　不同的形状图形面板

下面将以"心形许愿树"为例，详细讲解基本形状工具的使用方法，绘制完成的"心形许愿树"效果如图 2-59 所示。

（1）按下 Ctrl＋N 快捷键，新建一个图形文件。

（2）使用"基本形状工具"可以绘制心形、圆柱、笑脸、箭头等图形，单击面板中的"心形"图形，在绘图窗口中拖动鼠标，即可绘制出心形形状，如图 2-60 所示。

图 2-59　心形许愿树

图 2-60　绘制心形

（3）单击属性栏中的"轮廓样式选择器"按钮 ——▾，弹出轮廓样式面板，为绘制出的心形图形选择不同的轮廓样式，效果如图 2-61 所示。

（4）在属性栏 ⟳ 45.0 中设置不同的旋转角度，如图 2-62 所示。

图 2-61　设置不同轮廓样式

图 2-62　旋转心形图形

（5）参照图 2-63 所示绘制多个心形图形，为其设置不同的填充颜色，并设置不同的轮廓线宽度、颜色和样式。

 绘制一个基本形状，单击要调整的基本图形的红色菱形符号并按住鼠标左键不放，拖动红色菱形符号，可以调整图形为所需的形状，松开鼠标，效果如图 2-64 所示。在流程图形状中没有红色菱形符号，所以不能进行调整。

图 2-63　绘制多个心形图形

图 2-64　调整基本形状

2.4　实例：风景插画（编辑对象）

CorelDRAW X5 提供了强大的对象编辑功能，包括对象的选取、复制、缩放、移动、镜像、旋转、倾斜等。

下面将以"风景插画"为例，详细讲解对象的编辑功能，绘制完成的"风景插画"效果如图 2-65 所示。

1. 选取对象

（1）按下 Ctrl＋N 快捷键，新建一个图形文件，单击属性栏中的"横向"按钮 ▭，将页面显示为横向。

（2）使用"矩形工具" ▢ 在页面中绘制一个矩形，为图形填充浅蓝到深蓝的线性渐变，并取消轮廓线的填充，使用"选择工具" ▯ 在要选取的矩形上单击，即可选取该矩形，如图 2-66 所示。

图 2-65　风景插画

图 2-66　选取图形

（3）选择"椭圆形工具" ，配合 Ctrl 键绘制大小不等的多个正圆形，选取一个圆形，按住 Shift 键的同时单击其他圆形，即可加选其他圆形，如图 2-67 所示，然后单击属性栏中的"合并"按钮 ，得到如图 2-68 所示效果。

图 2-67　选取多个圆形

图 2-68　合并图形

> **技巧**　按住 Shift 键单击其他图形，即可加选其他图形，如果再次单击已选取的图形，则为取消选择。当许多图形重叠在一起时，按住 Alt 键，可以选择最上层图层后面的图形。按住 Ctrl 键，用鼠标单击可以选取群组中的单个图形。

（4）选择"选择工具" ，在绘图页面中要选取的图形外围单击并拖动鼠标，拖动后会出现一个虚线圈选框，在圈选框完全框选住图形后释放鼠标，会有多个图形被选中，如图 2-69 所示。框选的同时在键盘上按住 Alt 键，虚线框接触到的对象都将被选取。

图 2-69　框选多个图形

（5）可以选择"编辑"|"全选"子菜单下的命令来选取图形。按 Ctrl＋A 快捷键或双击"选择工具" ，可以选取绘图页面中的全部图形。

2．移动对象

（1）选择"选择工具" ，选取合并图形，选取的合并图形周围会出现 8 个控制手柄，将鼠标光标放置在图形上，当鼠标光标显示为✛时，按住鼠标左键并拖动，即可移动选取的图形至合适位置，按住 Ctrl 键可在垂直或水平方向上移动图形。

（2）选取要移动的图形，用键盘上的方向键可以微调图形的位置，选择"选择工具" 后不选取任何图形，在属性栏 .1mm 中可以重新设定每次微调移动的距离。

（3）为合并图形填充白色，并去除轮廓线。参照上述方法，另外绘制一些云彩图形，将其调整成不同的大小，堆积成云朵。选取所有云彩图形，单击属性栏中的"合并"按钮，得到图 2-70 所示效果。

（4）选取合并的云彩图形和渐变矩形，单击属性栏中的"移除前面对象"按钮，将矩形外的云彩图形修剪去掉。

（5）使用"钢笔工具" 参照图 2-71 所示绘制两块草地，并分别为两块草地填充颜色（C32，Y94）、（C36，Y95），效果如图 2-72 所示。

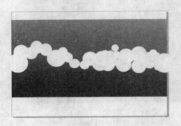

图 2-70　绘制云彩图形　　　　　　　　图 2-71　绘制草地图形

（6）参照绘制云彩的方法绘制草丛，填充深浅不一的绿色，选取草丛图形，按 Ctrl＋G 快捷键进行群组，按 Ctrl＋PageDown 快捷键将草丛置于草地图形后面，如图 2-73 所示。

3．复制对象

（1）使用"钢笔工具" 参照图 2-74 所示绘制图形，然后选取图形，按住 Ctrl 键的同时将图形向右侧拖动一定距离，在不释放鼠标左键的情况下单击鼠标右键，同时释放鼠标，即可将选择的图形移动复制，效果如图 2-75 所示。

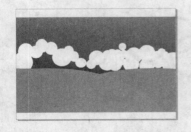

图 2-72　为草地图形填充颜色　　　图 2-73　绘制草丛　　　图 2-74　绘制图形

（2）连续按 3 次 Ctrl＋D 快捷键，连续复制图形，如图 2-76 所示，然后再次绘制一个矩形，完成篱笆的绘制，如图 2-77 所示。

图 2-75　移动复制图形　　　　图 2-76　移动复制图形　　　　　　　图 2-77　绘制篱笆

 选取要复制的图形，按键盘右侧数字区中的"＋"键，可以将选择的图形在原位置复制。如果按住键盘右侧数字区中的"＋"键将选择的图形移动到新的位置，然后释放图形，也可将该图形移动复制。

（3）使用"钢笔工具" 绘制小树图形，并分别为其填充不同的颜色。选择"选择工具" ，按住 Shift 键，选取小树图形和树干，按 Ctrl＋C 快捷键复制图形，按 Ctrl＋V 快捷键，图形的副本被粘贴到原图形的下面，位置和原图形是相同的，用鼠标移动图形，可以显示复制的图形，调整复制图形大小并更改颜色，如图 2-78 所示。然后按 Ctrl＋X 快捷键，图形将从绘图页面中删除并被放置在剪贴板上。

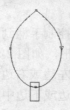

图 2-78　复制、粘贴图形

可以在两个不同的绘图页面中复制对象，使用鼠标左键拖动其中一个绘图页面中的对象到另一个绘图页面中，在松开鼠标左键前单击右键就可以了，如图 2-79 所示。

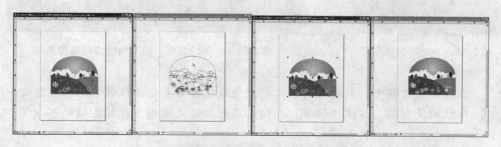

图 2-79　在不同页面中复制对象

（4）选取要复制的图形，用鼠标右键拖动图形到合适的位置，松开鼠标右键后在弹出的快捷菜单中，选择"复制"命令，完成图形的复制。

选取要仿制的图形，选择"编辑"|"复制"命令，即可复制图形，复制的图形与原图形有关联，修改原图形时，复制的图形也会发生改变，但修改复制的图形时，原图形则不会改变。

4. 缩放对象

（1）选择"椭圆形工具" ⊙ 和"钢笔工具" ⬟ 绘制小花图形，按 Ctrl＋G 快捷键群组图形，选择"选择工具" ⬚，选取群组后的小花图形，图形周围出现控制手柄，用鼠标拖动控制手柄可以缩放图形，拖动对角线上的控制手柄可以按比例缩放图形，如图 2-80 所示。

（2）拖动中间的控制手柄可以不规则缩放图形，如图 2-81 所示。

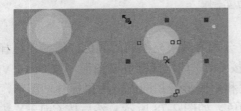
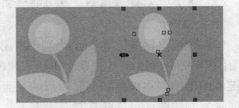

图 2-80　等比缩放图形　　　　　　　　图 2-81　不规则缩放图形

5. 镜像对象

（1）选取要镜像的小花图形，按住鼠标左键直接拖动控制手柄到另一边，直到出现图形的蓝色虚线，松开鼠标左键就可以得到不规则的镜像图形，如图 2-82 所示。

（2）选取要镜像的小花图形，按住 Ctrl 键，直接拖动左边或右边中间的控制手柄到另一边，可以完成保持原图形比例的水平镜像，直接拖动上边或下边中间的控制手柄到另一边，可以完成保持原图形比例的垂直镜像，按住 Ctrl 键，直接拖动对角线上的控制手柄到相对的边，可以完成保持原图形比例的沿对角线方向的镜像，如图 2-83 所示。

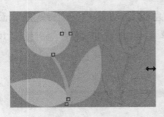

图 2-82　不规则镜像图形　　　　　图 2-83　水平、垂直、沿对角线方向镜像图形

在镜像的过程中，只能使对象本身产生镜像，如要想要在镜像的位置生成一个对象的复制品，方法很简单，在松开鼠标左键之前按下鼠标右键就可以了。

（3）选择"椭圆形工具" ⊙、"矩形工具" ▢、"多边形工具" ⬡、"钢笔工具" ⬟ 绘制各种图形。群组、复制、镜像图形，为图形填充不同的颜色，得到的房子组合图形效果如图 2-84 所示。

6. 旋转对象

（1）选择"选择工具" ，双击要旋转的小花图形，旋转和倾斜手柄显示为双箭头，并显示中心标记，如图 2-85 所示。

（2）将鼠标光标移动到旋转控制手柄 上，按住鼠标左键，拖动鼠标旋转图形，释放鼠标，图形旋转效果如图 2-86 所示。

（3）将鼠标光标移动到中心标记上，拖动中心标记以指定新的旋转中心，如图 2-87 所示，应用新的旋转中心旋转图形的效果如图 2-88 所示。

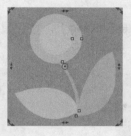

图 2-84　绘制房子图形　　　　　图 2-85　双击图形　　　　　　图 2-86　旋转图形

7. 再制对象

（1）单击形状图形面板中的"心形"图形，在绘图窗口中拖动鼠标，即可绘制出心形形状，选择"选择工具" ，选取心形图形，按 Ctrl＋C 快捷键复制心形，按 Ctrl＋V 快捷键粘贴心形。

（2）选择"选择工具" ，双击心形图形，旋转和倾斜手柄显示为双箭头，并显示中心标记，如图 2-89 所示，拖动中心标记以指定旋转中心，如图 2-90 所示。

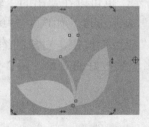

图 2-87　指定新的旋转中心　　　图 2-88　旋转图形　　　　　图 2-89　双击心形图形

（3）在属性栏 中设置旋转角度为 90°，旋转复制的心形，效果如图 2-91 所示。

（4）连续按两次 Ctrl＋D 快捷键，连续复制心形，得到小花图案的效果如图 2-92 所示。

图 2-90　指定旋转中心　　　图 2-91　旋转复制的心形　　　图 2-92　小花图案

选取要复制的图形，选择"编辑"|"复制"命令，或按 Ctrl＋D 快捷键，即可复制图形，复制的图形与原图形没有关联，是完全独立的图形。如果重新设置复制图形的位置和角度，当执行下一次"复制"命令时，复制图形与原图形的位置和角度将成为新的默认数值。

8. 倾斜变形对象

（1）选择"选择工具"，双击要倾斜变形的图形，旋转和倾斜手柄显示为双箭头，并显示中心标记，如图 2-93 所示。

（2）将鼠标光标移动到倾斜控制手柄上，按住鼠标左键，拖动鼠标倾斜变形图形，释放鼠标，图形倾斜变形效果如图 2-94 所示。

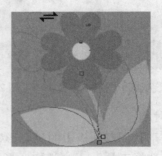

图 2-93　显示中心标记　　　　　　图 2-94　倾斜变形图形

9. 使用"变换"泊坞窗变换对象

（1）**缩放对象**：选择"选择工具"，选取要缩放的对象，选择"窗口"|"泊坞窗"|"变换"|"大小"命令，弹出"转换"泊坞窗，如图 2-95 所示，也可以在弹出的"转换"泊坞窗中单击"大小"按钮，其中"H"表示宽度，"垂直"表示高度，如选中不按比例复选框，就可以不按比例缩放对象，设置好需要的数值，单击"应用"按钮，对象的缩放即可完成。在"副本"选项框里选择要复制的数量，可以复制多个缩放好的对象，图 2-96 所

图 2-95　使用"转换"泊坞窗缩放对象　　　图 2-96　"转换"泊坞窗

示为可供选择的圈选框控制手柄 8 个点的位置，单击一个按钮以定义一个在缩放对象时保持固定不动的点，缩放的对象将基于这个点缩放，这个点可以决定缩放后的图形与原图形的相对位置。

（2）**移动对象**：使用"选择工具"⬚选取要移动的对象，选择"窗口"|"泊坞窗"|"变换"|"位置"命令，弹出"转换"泊坞窗，如图 2-97 所示，也可以在弹出的"转换"泊坞窗中单击"位置"按钮⬚，其中"H"表示对象所在位置的横坐标，"垂直"对象所在位置的纵坐标，如选中☑相对位置复选框，对象将相对于原位置的中心进行移动。设置好需要的数值，单击"应用"按钮，完成对象的移动，在"副本"选项框里选择数量，可以在移动的新位置复制出新的对象。

（3）**旋转对象**：使用"挑选工具"⬚选取要旋转的对象，选择"窗口"|"泊坞窗"|"变换"|"旋转"命令，弹出"转换"泊坞窗，如图 2-98 所示，也可以在弹出的"转换"泊坞窗中单击"旋转"按钮⬚，在"旋转"设置区的"角度"选项框中直接输入旋转的角度数值，在"中心"选项的设置区中输入旋转中心的坐标位置，选中☑相对中心复选框，对象的旋转将以选中的旋转中心旋转。设置好需要的数值，单击"应用"按钮，完成对象的旋转。

图 2-97　使用"转换"泊坞窗移动对象　　图 2-98　使用"转换"泊坞窗旋转对象

（4）**镜像对象**：选取要镜像的对象，选择"窗口"|"泊坞窗"|"变换"|"比例"命令，弹出"转换"泊坞窗，如图 2-99 所示，也可以在弹出的"转换"泊坞窗中单击"缩放和镜像"按钮⬚，单击"水平镜像"按钮⬚可以使对象沿水平方向翻转，单击"垂直镜像"按钮⬚，可以使对象沿垂直方向翻转镜像，如选中☑不按比例复选框，就可以不按比例镜像对象，设置好需要的数值，单击"应用"按钮，完成对象的镜像。

（5）**倾斜变形对象**：选取要倾斜变形的对象，选择"窗口"|"泊坞窗"|"变换"|"倾斜"命令，弹出"转换"泊坞窗，如图 2-100 所示，也可以在弹出的"转换"泊坞窗中单击"倾斜"按钮⬚，设置好倾斜变形对象的数值，单击"应用"按钮，完成对象的倾

斜变形。

图 2-99　使用"转换"泊坞窗镜像对象　　　　图 2-100　使用"转换"泊坞窗倾斜变形对象

10. 使用属性栏变换对象

（1）**缩放对象**：选取对象，在属性栏的"对象的大小" 中可以输入对象的宽度、高度和缩放百分比，如果选择了"锁"按钮 ，则宽度和高度将按比例缩放，只要改变宽度和高度中的一个值，另一个值就会自动按比例调整。

（2）**移动对象**：选取对象，在属性栏的"对象的位置" 中输入新的横坐标值（X）和纵坐标值（Y）可以将对象移动到新的位置。

（3）**旋转对象**：选取对象，在属性栏的"旋转角度" 中输入数值，可以将对象旋转一定的角度。

（4）**镜像对象**：选取对象，单击属性栏中的"水平镜像"按钮 ，可以使对象沿水平方向翻转，单击"垂直镜像"按钮 ，可以使对象沿垂直方向翻转镜像。

11. 使用"自由变换工具"变换对象

（1）选取对象，对象周围会出现控制手柄。选择"形状工具" 展开工具栏中的"自由变换"工具 ，属性栏显示为图 2-101 所示状态。

图 2-101　自由变换工具属性栏

（2）**缩放对象**：在属性栏的"对象的大小" 中可以输入对象的宽度、高度和缩放百分比，如果选择了"锁"按钮 ，则宽度和高度将按比例缩放，只要改变宽度和高度中的一个值，另一个值就会自动按比例调整，单击属性栏中的"自由调节工具"按钮 ，拖动鼠标也可缩放对象。

（3）**旋转对象**：单击属性栏中的"自由旋转工具"按钮 ，在属性栏中设定旋转对象的数值或用鼠标拖动对象都能产生旋转的效果。

（4）**镜像对象**：单击属性栏中的"自由角度镜像工具"按钮 ，在属性栏中单击"水平镜像"按钮□□,可以使对象沿水平方向翻转,单击"垂直镜像"按钮□□,可以使对象沿垂直方向翻转镜像。

（5）**倾斜变形对象**：单击属性栏中的"自由扭曲工具"按钮□□,在属性栏中设定倾斜变形对象的数值或用鼠标拖动对象都能产生倾斜变形的效果。

12. 对象的撤销和恢复

选择"编辑"|"撤销"命令,或按 Ctrl＋Z 快捷键,或者在标准工具栏上单击"撤销"按钮□,可以撤销上一次的操作。

选择"编辑"|"重做"命令,或按 Ctrl＋Shift＋Z 快捷键,或者在标准工具栏上单击"重做"按钮□,可以恢复上一次的操作。

2.5　实例：制作课程表（创建与编辑表格）

在本课前面所陈述的内容中,编者以理论加图释的方式向读者介绍了如何在 Corel-DRAW X5 中创建和编辑表格,在本节中,将以"制作课程表"为例,更为具体地讲解如何创建和编辑表格,制作完成的效果如图 2-102 所示。

1. 创建并调整表格结构

（1）选择"文件"|"新建"命令,新建一个绘图文档,单击属性栏中的"横向"按钮□,使文档方向变为横向。

（2）选择"表格"|"创建新表格"命令,打开"创建新表格"对话框,参照图 2-103 所示在该对话框中设置参数,然后单击"确定"按钮,创建表格,效果如图 2-104 所示。

图 2-102　完成效果图　　　　　　　　　图 2-103　"新建表格"对话框

（3）使用"选择工具"□通过拖动表格图表的角控制点来调整表格大小,效果如图 2-105 所示。

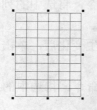

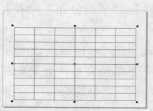

图 2-104　创建表格　　　　　图 2-105　调整表格图形的大小

（4）选择工具箱中的"表格工具" ，将光标移动至图 2-106 所示的位置，可发现光标发生变化，然后向右拖动一定的距离，调整列宽，效果如图 2-107 所示。

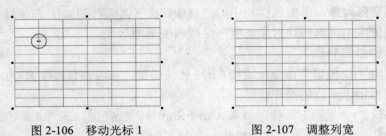

图 2-106　移动光标 1　　　　　　　　图 2-107　调整列宽

（5）将光标移动至图 2-108 所示的位置，可发现光标发生了变化，然后将其向下拖动一定的距离，调整行高，效果如图 2-109 所示。

（6）使用"表格工具" 继续对表格图形的第一行和第二行的行高进行调整，效果如图 2-110 所示。

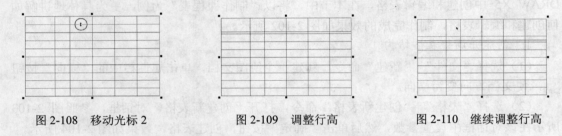

图 2-108　移动光标 2　　　　图 2-109　调整行高　　　　图 2-110　继续调整行高

（7）保持"表格工具" 为被选择状态，将光标移动至图 2-111 所示的位置，待光标发生变化后，单击以选中一列，然后向右拖动，选择其右侧的所有列，效果如图 2-112 所示。

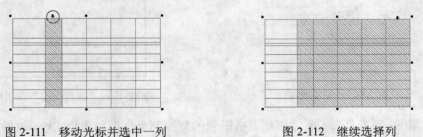

图 2-111　移动光标并选中一列　　　　　　图 2-112　继续选择列

（8）选择"表格"|"平均分布"|"平均分布列"命令，将选中的列平均分布，效果如图 2-113 所示。

（9）将光标移动至图 2-114 所示的位置，待光标发生变化后，单击以选中一行，然后向下拖动，选择其下方的所有行，效果如图 2-115 所示。

（10）选择"表格"|"平均分布"|"平均分布行"命令，将选中的行平均分布，效果如图 2-116 所示。

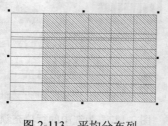

图 2-113　平均分布列

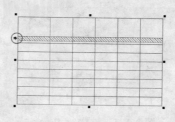

图 2-114　选中一行

（11）选择工具箱中的"贝塞尔工具" ，参照图 2-117 所示在表格图形中绘制斜线，形成表头。

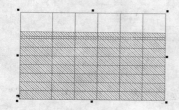

图 2-115　继续选择行

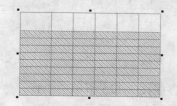

图 2-116　平均分布行

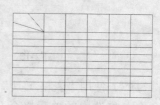

图 2-117　绘制表头斜线

提示　使用"表格"|"转换文本为表格"命令可将文本转换为表格。执行该命令后可打开"转换文本为表格"对话框，用户可以在该对话框中设置创建表格时用来区分列的分隔符，在对话框中设置完毕后关闭对话框，即可将段落文本转换为表格，如图 2-118～图 2-120 所示。

图 2-118　段落文本

图 2-119　"转换文本为表格"对话框

图 2-120　转换为表格

2. 设置表格颜色

（1）使用"表格工具" 选中第一行，然后为选中的一行填充颜色：浅灰色（C4，M3，Y3，K2），填充颜色的方法与填充图形相同，如图 2-121、图 2-122 所示。

（2）使用"表格工具" 选中图 2-123 所示的单元格，然后为选中的单元格也填充浅灰色（C4，M3，Y3，K2），如图 2-124 所示。

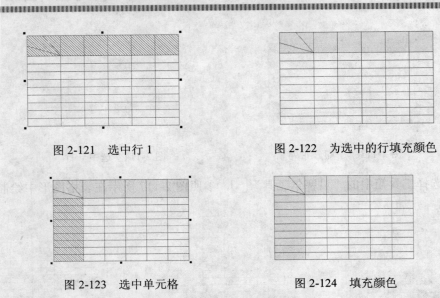

图 2-121　选中行 1　　　　　　　　　图 2-122　为选中的行填充颜色

图 2-123　选中单元格　　　　　　　　图 2-124　填充颜色

（3）使用"表格工具" 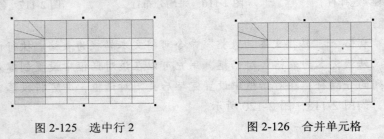 参照图 2-125 所示选中行，然后选择"表格"|"合并单元格"命令，将选中的单元格合并，如图 2-126 所示。

图 2-125　选中行 2　　　　　　　　　图 2-126　合并单元格

（4）利用"填充工具" 为合并单元格后的行填充浅绿色（C20，Y20），效果如图 2-127所示。

（5）使用"表格工具" 参照图 2-128 所示在表格图形中选中多个单元格，然后在属性栏中设置所选单元格上框线的颜色为红色（M99，Y95），效果如图 2-129 所示。

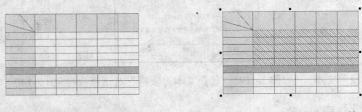

图 2-127　为单元格填充颜色　　　　　图 2-128　选中多个单元格

（6）参照图 2-130 所示为所选单元格整体的左框线同样设置颜色为红色（M99，Y95）。

（7）使用"表格工具" 参照图 2-131 所示在表格图形中选中多个单元格，然后在属性栏中设置所选单元格左框线的颜色为红色（M99，Y95），效果如图 2-132 所示。

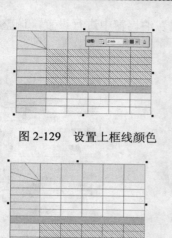

图 2-129　设置上框线颜色

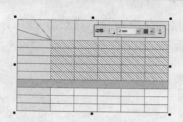

图 2-130　设置左框线颜色

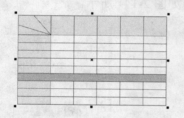

图 2-131　选中单元格

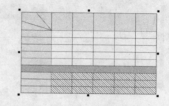

图 2-132　再次设置左框线颜色

（8）选择"选择工具" ，此时选中整个表格对象，如图 2-133 所示，在属性栏中设置整个表格图形的外侧框线的颜色为黄绿色（**C33，M27，Y94**），如图 2-134 所示。

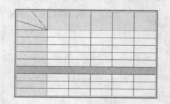

图 2-133　选中表格对象

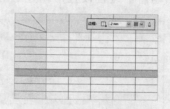

图 2-134　设置表格外侧框线颜色

（9）选择工具箱中的"矩形工具" ，参照图 2-135 所示在表格图形外侧绘制矩形，以作为表格外框的装饰，调整矩形与表格图形中心对齐，然后设置"轮廓宽度"为 2.0mm，轮廓颜色与表格外框颜色相同。

3．在表格中添加文字

（1）选择工具箱中的"文本工具" ，参照图 2-136 所示在表格中创建单个文字对象的表头文字内容。

图 2-135　绘制矩形以装饰表格

图 2-136　创建表头文字

（2）使用"文本工具" 在图 2-137 所示的单元格中单击，并创建文字，然后选择"文

本"|"字符格式化"命令，在打开的"字符格式化"泊坞窗中进行设置，调整字符属性，如图 2-138 所示。

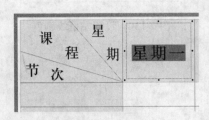

图 2-137　创建文字　　　　　　　　　　图 2-138　"字符格式化"泊坞窗 1

（3）参照图 2-139 所示将文字复制到其右侧的单元格中，并修改部分内容完成课程表"星期"文字的创建。

（4）使用"文本工具"字在图 2-140 所示的单元格中单击，并创建文字，然后在"字符格式化"泊坞窗中进行设置，调整字符属性，如图 2-141 所示。

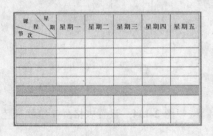

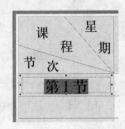

图 2-139　创建星期文字　　　　　　　　图 2-40　创建文字

（5）参照图 2-142 所示将文字复制到其下方的单元格中，并修改部分内容和字符属性，完成课程表课业节数文字的创建。

图 2-141　"字符格式化"泊坞窗 2　　　　图 2-142　复制并修改文字

（6）使用"文本工具"字在表格图形上方添加课程表标题文字，然后参照图 2-143 所示在"渐变填充"对话框中为文字设置预设的渐变填充，得到图 2-144 所示的效果，完成本实例的制作。

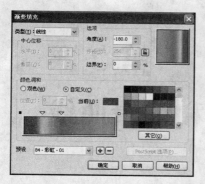

图 2-143 "渐变填充"对话框

图 2-144 添加课程表标题文字

课后练习

1．设计制作春暖花开效果图，如图 2-145 所示。

要求：

（1）使用绘制图形的基本工具绘制出草地和花朵。

（2）使用"文本工具"字添加文字。

2．设计制作简单的 POP 海报，效果如图 2-146 所示。

图 2-145 春暖花开效果图

图 2-146 海报效果图

要求：

（1）使用图形绘制工具和"手绘工具"绘制图形。

（2）使用"文本工具"字创建文字元素。

第 3 课
绘制和编辑曲线

本课知识结构

在图形的绘制过程中，曲线应用得非常广泛，特别是在一些不规则图形，或是结构较为复杂的图形绘制方面，曲线较为灵活且便于修改。利用 CorelDRAW X5 可以绘制曲线，也可以对曲线进行一系列的编辑。本课将学习绘制和编辑曲线的方法和技巧，为绘制出更复杂、更创意的作品打下坚实的基础。

就业达标要求

☆ 手绘工具和折线工具　　　　☆ 钢笔工具

☆ 贝塞尔工具　　　　　　　　☆ 艺术笔工具

☆ 节点操作　　　　　　　　　☆ 修饰图形

3.1 实例：迷人的海边夜色（手绘图形）

CorelDRAW X5 中提供了许多用于绘制曲线图形的工具，抛开美术基础的不同，有些工具适合绘制较为简单的图形，有些则可以创建出具有复杂结构的图形。其中"手绘工具" 、和"折线工具" 就相对适合绘制结构较简单的图形。"手绘工具" 适用于创建快速素描或手绘的效果，而"折线工具" 可以绘制出简单的直线和曲线图形。

下面将以"迷人的海边夜色"为例，详细讲解"手绘工具" 与"折线工具" 的使用方法，此外，实例后面附加了对手绘工具组中"3 点曲线工具" 、"B-Spline 工具" 的介绍。绘制完成的"迷人的海边夜色"效果如图 3-1 所示。

1. 手绘工具

（1）选择"文件"|"打开"命令，或按 Ctrl＋O 快捷键，或者在标准工具栏上单击"打开"按钮 ，打开配套资料\Chapter-03\素材\"迷人的海边夜色素材.cdr"文件，如图 3-2 所示。

图 3-1　迷人的海边夜色　　　　　　　　　　图 3-2　素材文件

（2）选择"手绘工具" ，鼠标指针形状将变为，单击鼠标确定线段的起点并拖动鼠标，拖动鼠标到需要的位置，再单击鼠标确定线段的终点，松开鼠标，这样就可以绘制出一条直线，如图 3-3 所示。

（3）选择"手绘工具" ，鼠标指针形状将变为，单击鼠标确定曲线的起点并按住鼠标左键不放，拖动鼠标，进行曲线的绘制，在结束的地方松开鼠标，就可绘制出一条曲线，如图 3-4 所示。

图 3-3　使用手绘工具绘制直线　　　　　　图 3-4　使用手绘工具绘制曲线

（4）要想擦除部分曲线，可以在按住鼠标的同时，按住 Shift 键并沿着要擦除的曲线向后拖动鼠标，当完成擦除后只要松开 Shift 键时不松开鼠标键，就可以继续绘制曲线。

提示　选择"手绘工具" ，拖动鼠标，使曲线的起点和终点位置重合，一个闭合的曲线形绘制完成，如图 3-5 所示；用"手绘工具" 绘制曲线时，用鼠标在要继续绘制出直线的节点上单击，再拖动鼠标并在需要的位置单击，可以绘制出一条直线，如图 3-6 所示。

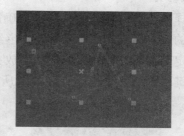

图 3-5　绘制闭合曲线　　　　　　　图 3-6　绘制直线和曲线的混合图形

技巧　如果在直线结束的位置处按住 Ctrl 键，可以限制直线以 15 度的角度增量发生变化，可以使用"选项"对话框设定手绘平滑度，如图 3-7 所示。

图 3-7　设定角度和平滑度

- 边角阈值：用于设置边角节点的平滑度，数值越大，节点越尖；数值越小，节点越平滑。
- 直线阈值：用于设置手绘曲线相对于直线路径的偏移量。边角阈值和直线阈值的设定值越大，绘制的曲线越接近直线。
- 自动连结：用于设置在绘图时两个端点自动进行连接的距离。当光标接近设置的半径范围内时，曲线将自动相连成封闭的曲线。

（5）使用"手绘工具" 勾勒出椰子树叶和树干图形，如图 3-8 所示。在右侧的调色板中单击蓝色，右击冰蓝色，为图形填充蓝色，轮廓色为冰蓝色，轮廓线宽度为 1mm，如图 3-9 所示。

图 3-8　使用手绘工具绘制图形　　　图 3-9　设置图形填充色和轮廓色

2. 折线工具

（1）选择"折线工具" ，单击以确定直线的起点，拖动鼠标到需要的位置，再单击以确定直线的终点，绘制出一条直线，继续单击确定下一个节点，就可以绘制出折线的效果；单击确定节点后，按住鼠标左键不放并拖动鼠标，可以接着绘制出手绘效果的曲线，双击鼠标左键可以结束绘制，如图 3-10 所示。

图 3-10　使用折线工具绘制直线和曲线

（2）使用"折线工具" 勾勒出大海图形，如图 3-11 所示。为图形填充渐变颜色效果，去除轮廓色，如图 3-12 所示。

图 3-11　使用折线工具绘制图形　　　　　　　图 3-12　为图形填充渐变颜色效果

3．3 点曲线工具

选择"3 点曲线工具" ，在绘图页面中按住左键不放，拖动鼠标到需要的位置，绘制出一条任意方向的线段作为曲线的一个轴，松开鼠标左键，再拖动鼠标到需要的位置，即可确定曲线的形状，单击鼠标左键，曲线绘制完成，如图 3-13 所示。

4．B-Spline 工具

绘制椭圆和多边形图形后，选择"B-Spline 工具" （连线工具），移动鼠标到椭圆图形上，出现蓝色的贴齐点时，单击鼠标左键，拖动鼠标至多边形，单击贴齐点，即可将两个对象连接在一起，如图 3-14 所示。

　　　　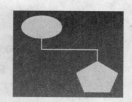

图 3-13　使用 3 点曲线工具　　　　　　　　图 3-14　使用 B-Spline 工具

3.2　实例：可爱小鸡（贝塞尔工具）

"贝塞尔工具" 也是手绘工具组中的一员，但相比较其他绘图工具而言，"贝塞尔工具" 使用起来更加方便、灵活，适合绘制相对复杂的图形。该工具按节点依次绘制曲线或直线，使用"贝塞尔工具" 绘制图形时，每一次单击鼠标就会绘制一个节点，节点之间相互连接，通过从节点以相反方向延伸的虚线的位置，可以控制线段的曲线率，可通过控制节点创建出精确的直线或曲线。

下面将以"可爱小鸡"为例，详细讲解"贝塞尔工具" 的使用方法。绘制完成的"可爱小鸡"效果如图 3-15 所示。

1．绘制曲线

（1）按 Ctrl＋N 快捷键，新建一个图形文件。选择"矩形工具" ，绘制一个矩形，为其填充颜色（C30），如图 3-16 所示。

（2）选择"贝塞尔工具" ，鼠标指针形状将变为 。在要绘制曲线的起点处单击鼠标，创建出第 1 个节点。移动鼠标到需要的位置，再次单击并按住鼠标左键拖动鼠标，出现了一条曲线段，继续按住鼠标左键拖动，就可以调整曲线的弯曲程度，当为曲线调整出合适的形状后，松开鼠标确定第 2 个节点，如图 3-17 所示。

图 3-15　可爱小鸡　　　　　图 3-16　绘制矩形　　　　图 3-17　使用贝塞尔工具绘制曲线（1）

（3）移动鼠标到第 2 个节点上并双击该节点，然后移动鼠标到需要的位置，再次单击并按住鼠标左键拖动鼠标，出现了一条曲线段，继续按住鼠标左键拖动，就可以调整曲线的弯曲程度，当为曲线调整出合适的形状后，松开鼠标确定第 3 个节点，如图 3-18 所示。

（4）当确定一个节点后，在这个节点上双击，再单击确定下一个节点后会出现直线；当确定一个节点后，在这个节点上双击，再单击确定下一个节点并拖动这个节点后会出现曲线；如图 3-19 所示。使用"贝塞尔工具" 绘制曲线的过程中双击节点可进行节点转换。

图 3-18　使用贝塞尔工具绘制曲线（2）　　　图 3-19　使用贝塞尔工具绘制曲线（3）

（5）连续单击并拖动鼠标，就可以绘制出一些连续平滑的曲线，如图 3-20 所示。

（6）当要闭合曲线时，将鼠标光标定位于创建的第 1 个节点上，单击并按住鼠标左键拖动鼠标，松开鼠标就可以闭合曲线，如图 3-21 所示。

图 3-20　使用贝塞尔工具绘制曲线（4）　　　图 3-21　使用贝塞尔工具绘制曲线（5）

（7）当用鼠标单击工具箱中的任何其他工具时，即结束当前曲线的绘制，如图 3-22 所示。

（8）复制绘制的曲线，选择"形状工具" ，单击复制的曲线，再单击属性栏上的"自动闭合曲线"按钮 ，CorelDRAW X5 会以一直线连接曲线两端的节点，如图 3-23 所示。

图 3-22　使用贝塞尔工具绘制曲线（6）　　　　　图 3-23　闭合曲线

（9）使用"形状工具" 选中并拖动节点上的控制点，通过调整控制线的长度和斜率，可以调整曲线的形状，如图 3-24 所示。

　绘制一条直线或曲线之后，如果想接着那条线继续画下去，那么只需将鼠标移到直线或曲线的端点，单击鼠标以确定直线或曲线的连接点，然后，就可按照直线和曲线的绘制方法接着画下去。

（10）为曲线图形设置轮廓色和填充色，如图 3-25 所示。

（11）参照图 3-26 所示，使用"贝塞尔工具" 绘制小鸡的脑袋、鼻子、眉毛、鸡冠和小嘴。

图 3-24　调整曲线形状　　　　图 3-25　设置颜色　　　图 3-26　绘制小鸡的鼻子、小嘴等

2．绘制直线

（1）选择"贝塞尔工具" ，鼠标指针形状将变为 ，单击鼠标以确定直线的起点，移动鼠标到需要的位置，再单击鼠标以确定直线的终点，绘制出直线，如图 3-27 所示。

（2）只要再继续确定下一个节点，就可以绘制出折线效果，如图 3-28 所示。

（3）当要闭合曲线时，将鼠标光标定位于创建的第 1 个节点上，单击并按住鼠标左键拖动鼠标，松开鼠标就可以闭合曲线，如图 3-29 所示。

（4）为曲线图形设置填充色（C70，Y100），去除轮廓色，如图 3-30 所示。

（5）最后使用"椭圆形工具" 绘制云彩和投影图形，完成实例的绘制。

图 3-27　使用贝塞尔工具绘制直线

图 3-28　使用贝塞尔工具绘制折线

图 3-29　绘制曲线图形

图 3-30　绘制草地

3.3　实例：卡通猫（节点操作）

在 CorelDRAW X5 中，可以使用"形状工具"编辑节点和线段来改变曲线的形状，这就给在完成曲线或图形的绘制后，经常需要进一步地调整曲线或图形以达到设计方面要求的用户提供了便利条件。

下面将以"卡通猫"为例，详细讲解节点的操作方法。绘制完成的"卡通猫"效果如图 3-31 所示。

1．添加、删除节点

（1）按 Ctrl＋N 快捷键，新建一个图形文件。选择"矩形工具"，绘制两个矩形，大矩形填充颜色（C46），小矩形填充白色，如图 3-32 所示。

（2）选择"选择工具"，选择小矩形，改变属性栏 的数值来设置矩形圆角度数，得到圆角矩形，如图 3-33 所示。

图 3-31　卡通猫

图 3-32　绘制矩形

图 3-33　绘制圆角矩形

（3）选取圆角矩形，单击属性栏中的"转换为曲线"按钮，或按 Ctrl＋Q 快捷键，将圆角矩形转换为曲线。

 提示 绘制基本几何图形，如椭圆形、星形等，然后在属性栏中单击"转换为曲线"按钮 ，能将基本几何图形转换成曲线图形，之后会增加多个节点，可以对节点进行调整。

（4）选择"形状工具" ，在曲线任意位置双击，路径上就会增加一个新的节点，如图 3-34 所示。选择"形状工具" ，选择除起始节点以外的任何一个或几个节点，在属性栏上单击"添加节点"按钮 ，就会自动添加一个或多个节点到曲线上。

（5）选择"形状工具" ，在曲线上双击节点即可删除节点。选择"形状工具" ，在曲线上选择想要删除的一个或几个节点，在属性栏上单击"删除节点"按钮 或直接按 Delete 键，就会删除所选择的节点，如图 3-35 所示。

2. 选择节点和线段

（1）选择"形状工具" ，用鼠标单击曲线图形，即选择了该曲线图形，此时将显示其上面的所有节点，如图 3-36 所示。

（2）将鼠标移到添加的节点上，单击鼠标就可以选中该节点，在该节点和两侧相邻的节点处会出现控制点，如图 3-37 所示。

（3）将鼠标移到节点间的线段处，当鼠标变为 时，单击鼠标就选中了该线段。

图 3-34 添加节点

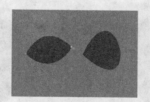
图 3-35 删除节点

图 3-36 显示曲线的所有节点

 技巧 如何选择多个节点？
在使用"形状工具" 选择节点时，按下 Home 键可以直接选择起始节点，按下 End 键可以直接选择终止节点。按下 Shift 键可通过连续单击选择多个节点，若拖动鼠标拉出一个虚框，可选择框内的所有节点，如图 3-38 所示。按下 Ctrl＋Shift 键，然后单击对象上的任意节点，可以选中对象中的所有节点。

图 3-37 选择节点

图 3-38 框选节点

3. 移动节点和线段

（1）选中了节点或线段后，就可以借助鼠标的拖动来移动节点或线段，改变对象的形状，如图 3-39 所示。移动节点时，两边的线段也将移动，如果节点在曲线段上，节点的控制点也会移动，但保持节点与控制点连线的夹角不变。

（2）在图形右侧也对称添加一个节点，并移动节点，效果如图 3-40 所示。

（3）移动其他节点和线段来改变曲线的形状，如图 3-41 所示。

图 3-39　移动节点和线段

图 3-40　添加和移动节点

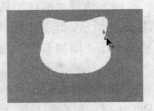
图 3-41　绘制小猫脑袋

4. 对齐节点

（1）绘制一个椭圆形，选择"选择工具" ，选择椭圆形，单击属性栏中的"转换为曲线"按钮 ，或按 Ctrl＋Q 快捷键，将椭圆形转换为曲线，如图 3-42 所示。

（2）选择"形状工具" ，在曲线上双击，添加 4 个节点，如图 3-43 所示。

图 3-42　将椭圆形转换为曲线

图 3-43　添加节点

（3）选择"形状工具" ，按住 Shift 键，单击选中图形上方增加的两个节点；单击属性栏中的"对齐节点"按钮 ，弹出"节点对齐"对话框，勾选"水平对齐"复选框，如图 3-44 所示，单击"确定"按钮，两个节点水平对称对齐，如图 3-45 所示。

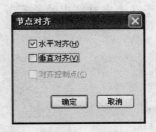
图 3-44　"节点对齐"对话框

图 3-45　对齐节点

（4）选中图形下方增加的两个节点，使用同样的方法将两个节点水平对称对齐。

（5）选择"形状工具" ，单击选中顶端节点，按住 Ctrl 键，并按住鼠标左键拖动鼠标，向正下方移动节点，如图 3-46 所示。

（6）选择"形状工具" ，单击选中底端节点，按住 Ctrl 键，并按住鼠标左键拖动鼠标，向正上方移动节点，如图 3-47 所示。

（7）拖动节点控制点调整图形，效果如图 3-48 所示。

（8）使用"贝塞尔工具" 和"形状工具" 绘制苹果的叶子和柄，填充颜色，效果如图 3-49 所示。

图 3-46 移动顶端节点

图 3-47 移动底端节点

图 3-48 调整节点

5．转换线段

（1）绘制一个矩形，选择"选择工具" ，选择矩形，改变属性栏中的数值来设置矩形圆角度数，得到圆角矩形；并将圆角矩形顺时针旋转 60 度，如图 3-50 所示。

图 3-49 绘制苹果

图 3-50 绘制圆角矩形

（2）选取圆角矩形，单击属性栏中的"转化为曲线"按钮 ，或按 Ctrl＋Q 快捷键，将圆角矩形转换为曲线。

（3）选择"形状工具" ，在曲线上双击，添加节点，如图 3-51 所示；移动节点，如图 3-52 所示。

图 3-51 添加节点

图 3-52 移动节点

（4）将鼠标移到节点间的线段处，当鼠标变为 时，单击鼠标选中线段。单击属性栏上的"转换为曲线"按钮 ，可以将当前选择的直线转换为曲线，在被选取的节点线段上将出现两条控制线，通过调整控制柄的长度和斜率，可以调整曲线的形状，如图 3-53 所示。

（5）转换其他直线段，并调整曲线的形状，如图 3-54 所示。

（6）单击属性栏上的"转换为线条"按钮 ，可以将当前选择的曲线转换为直线，如图 3-55 所示。

（7）当将图形所有节点选择后，单击属性栏上的"转换为曲线"按钮 ，可以使所有节点转换为具有曲线性质的节点，将鼠标光标放置在任意边的轮廓上按下并拖动，即可对图形进行调整，如图 3-56 所示。

图 3-53　直线转换为曲线　　　　图 3-54　调整曲线形状　　　　图 3-55　曲线转换为直线（1）

（8）绘制圆形，为其设置填充色和轮廓色，并设置轮廓宽度，将图形组合成蝴蝶结形状，如图 3-57 所示。

图 3-56　曲线转换为直线（2）　　　　　　　图 3-57　绘制蝴蝶结

（9）使用"贝塞尔工具" 和"形状工具" 绘制其他图形。

6. 转换节点

节点分为三种类型：分别是对称节点、平滑节点、尖突节点，如图 3-58 所示。

尖突节点：两个控制点可以相互独立，即调整其中一个控制点时，另一个控制点保持不变。

平滑节点：两个控制点的控制线可以不相同，即调整其中一个控制点时，另一个控制点将以相应的比例进行调整，以保持曲线的平滑。

对称节点：两个控制点的控制线长度是相同的，即调整其中一个控制点时，另一个控制点将以相同的比例进行调整。

（1）当选择的节点为平滑节点或对称节点时，单击属性栏上的"尖突节点"按钮 ，可将节点转换为尖突节点。

（2）当选择的节点为尖突节点或对称节点时，单击属性栏上的"平滑节点"按钮 ，可将节点转换为平滑节点。

对称节点　　　　　　平滑节点　　　　　　尖突节点

图 3-58　3 种节点类型

（3）当选择的节点为尖突节点或平滑节点时，单击属性栏"对称节点"按钮，可将节点转换为对称节点。

 绘制图形中会经常用到"贝塞尔工具"、"钢笔工具"和"形状工具"，只有不断练习，才能熟练掌握。

3.4　实例：可爱猫咪（钢笔工具）

"钢笔工具"和"贝塞尔工具"的使用方法非常类似，使用"钢笔工具"绘制曲线时，按住 Ctrl 键可移动和调整节点，按 Alt 单击节点可进行节点转换。

下面将以"可爱猫咪"为例，通过选择"文件"|"导入"命令导入图像；使用"钢笔工具"沿置入图像绘制曲线，进行位图的矢量化操作。绘制完成的"可爱猫咪"效果如图 3-59 所示。

（1）按 Ctrl＋N 快捷键，新建一个图形文件。

（2）选择"文件"|"导入"命令，或按 Ctrl＋I 快捷键，弹出"导入"对话框，选择配套资料\Chapter-03\素材\"猫咪.tif"文件，单击"导入"按钮，在页面中导入图片，如图 3-60 所示。

（3）放大页面显示比例，选择"钢笔工具"，在属性栏中选择"预览模式"按钮，沿猫咪图像边缘单击以确定曲线的起点，如图 3-61 所示。

图 3-59　可爱猫咪

图 3-60　导入猫咪图像

图 3-61　绘制曲线（1）

选择属性栏上的"预览模式"按钮后，会实时显示出将要绘制的曲线的形状和位置，十分直观方便，大大增强了操作的简便性。

（4）将鼠标移到第 2 个点上单击并按住鼠标左键拖动鼠标，调整曲线为需要的效果，松开鼠标左键，如图 3-62 所示。

（5）按下 Alt 键，单击第 2 个点，进行节点的转换，将鼠标移到第 3 个点上，按住鼠标左键拖动鼠标，调整曲线到需要的效果，松开鼠标左键，如图 3-63 所示。

（6）使用相同的方法继续创建节点即可得到连续的曲线，如图 3-64 所示。

（7）最后来闭合曲线，将鼠标放到起始点上，光标的右下角会显示小圆圈标志，拖动鼠标，将曲线调整到需要的形状，释放鼠标，得到闭合的曲线，如图 3-65 所示。

使用"贝塞尔工具"绘制曲线时，当用鼠标单击工具箱中的任何其他工具时，即结束当前曲线的绘制。使用"钢笔工具"绘制曲线时，按 Esc 键或单击工具箱中任何其他工具，即结束当前曲线的绘制。

图 3-62 绘制曲线（2）   图 3-63 转换节点、绘制曲线（3）   图 3-64 绘制连续曲线

（8）使用"选择工具"，选取曲线路径，移动曲线路径，如图 3-66 所示，然后为其填充黑色并取消轮廓线的填充，如图 3-67 所示。

（9）复制、缩小猫咪图形，并填充枚红色，如图 3-68 所示。镜像玫红色猫咪图形，如图 3-69 所示；完成"可爱猫咪"的绘制。

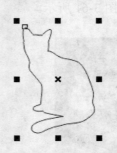

图 3-65 闭合曲线   图 3-66 选取、移动曲线图形   图 3-67 为图形去除轮廓线，填充黑色

图 3-68　复制、缩小、填充图形　　　　　图 3-69　镜像图形

3.5　实例：小老鼠（艺术笔工具——预设模式）

使用"艺术笔工具" 可以模仿画笔的真实效果，绘制出许多不同风格的线条和图形，从而使效果产生丰富的变化。"艺术笔工具" 属性栏如图 3-70 所示。

图 3-70　艺术笔工具属性栏

"艺术笔工具" 包含了 5 种模式，分别是"预设"模式、"笔刷"模式、"喷涂"模式、"书法"模式、"压力"模式。

下面将以"小老鼠"为例，详细讲解如何使用预设模式绘制图形。绘制完成的"小老鼠"效果如图 3-71 所示。

（1）按 Ctrl＋N 快捷键，新建一个图形文件。

（2）不选取任何图形，将鼠标光标移动到"默认 CMYK 调色板"上方"红"颜色色块上单击，弹出如图 3-72 所示的对话框；将鼠标光标移动到"默认 CMYK 调色板"上方的☒按钮上，单击鼠标右键，弹出如图 3-73 所示的对话框；单击"确定"按钮，则会在接下来的图形绘制中创建出用红色填充的图形。

（3）选择"艺术笔工具" ，在属性栏中选择"预设"模式 。

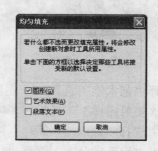

图 3-71　小老鼠　　　　　　图 3-72　"均匀填充"对话框

（4）在属性栏上的"艺术笔工具宽度" 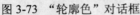 中设置曲线的宽度，在"预设笔触"下拉列表框 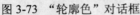 中选择需要的线条形状，在"手绘平滑" 100 中设置线条的平滑程度。

（5）单击并拖动鼠标，拖动到需要的位置后松开鼠标，可以绘制封闭的线条图形，如图 3-74 所示。

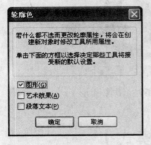

图 3-73 "轮廓色"对话框

图 3-74 绘制的图形

（6）在属性栏"艺术笔工具宽度" 3.0 mm 中设置曲线的宽度，在"预设笔触"下拉列表框 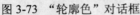 中选择需要的线条形状，将鼠标拖动到需要的位置后松开，绘制小老鼠的其他线条图形。

3.6 实例：童年（艺术笔工具——喷涂模式）

使用"艺术笔工具" 的喷涂模式，可以根据喷涂列表里面给出的预设图案，绘制出特定图案的线条。

下面将以"童年"为例，详细讲解如何使用喷涂模式绘制图形。绘制完成的"童年"效果如图 3-75 所示。

（1）选择"文件"|"打开"命令，或按 Ctrl＋O 快捷键，或者在标准工具栏上单击"打开"按钮 ，打开配套资料\Chapter-03\素材\"童年素材.cdr"文件，如图 3-76 所示。

图 3-75 童年

图 3-76 素材文件

（2）选择"艺术笔工具" ，在属性栏中选择"喷涂"模式 。

（3）在"喷射图样"下拉列表 中选择需要的喷涂类型。

（4）在"选择喷涂顺序" 顺序 中选择喷出图形的顺序。选择"顺序"选项，喷出的图形将会以方形区域分布，选择"按方向"选项，喷出的图形随鼠标拖动的路径分布，选择"随机"选项，喷出的图形将会随机分布。

（5）在"喷涂"模式下选择要添加到喷涂列表中的图形对象，然后单击"添加到喷涂列表"按钮，再单击"喷涂列表选项"按钮，弹出如图 3-77 所示的"创建播放列表"对话框，选择的图形对象已经被添加到喷涂列表中了。

- 添加：将喷涂列表的图形增加到执行列表中。喷涂列表中的图形是供选择的，而播放列表中的图形可用喷罐画出来。
- 全部添加：将喷涂列表的图形全部增加到播放列表中。
- 移除：删除播放列表中的图形。
- 清除：全部删除播放列表中的图形。
- ：将播放列表中的图形向上移动。
- ：将播放列表中的图形向下移动。
- ：将播放列表中的图形反向排列。

（6）在属性栏中设置喷涂图形的间距，在上面的输入框中设置数值，可以调整每个图形的距离，在下面的输入框中设置数值可以调整各个对象之间的距离。

（7）单击属性栏中的"旋转"按钮，弹出如图 3-78 所示的对话框，在"旋转角度"框中设置喷绘涂图形的旋转角度，在"增量"框中设置旋转增加值。选择"相对于路径"单选项，将相对于鼠标拖动路径旋转；选择"相对于页面"选项，将以绘图页面为基准旋转。

（8）单击属性栏中的"偏移"按钮，弹出如图 3-79 所示的对话框，勾选"使用偏移"复选框，就可以设置偏移数值，喷涂图形将从路径上偏移。在"方向"选项下拉列表中可以选择一种偏移方式。

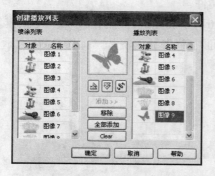

图 3-77　"创建播放列表"对话框

图 3-78　旋转喷涂图形

（9）单击属性栏中的"重置值"按钮，可以恢复喷罐原来保存的设置。

（10）单击并拖动鼠标，拖动到需要的位置后松开鼠标，可以绘制出特定图案的图形，如图 3-80 所示。

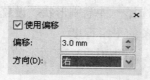

图 3-79　偏移喷涂图形

图 3-80　使用喷涂模式绘制图形

（11）单击并拖动鼠标，拖动到需要的位置后松开鼠标，可以绘制出蘑菇图形，如图 3-81 所示。

（12）在"喷射图样"下拉列表 中选择需要的喷涂类型，单击并拖动鼠标，拖动到需要的位置后松开鼠标，可以绘制出小草图形，如图 3-82 所示。

图 3-81　绘制蘑菇

图 3-82　绘制小草

3.7　实例：宝宝秀（艺术笔工具——笔刷模式）

使用"艺术笔工具" 的笔刷模式，可以根据笔触列表里面给出的预设笔触，绘制出特定的线条。

下面将以"宝宝秀"为例，详细讲解如何使用笔刷模式绘制图形。绘制完成的"宝宝秀"效果如图 3-83 所示。

（1）按 Ctrl＋N 快捷键，新建一个图形文件。

（2）选择"文件"|"导入"命令，或按 Ctrl＋I 快捷键，弹出"导入"对话框，选择"宝宝.tif"图像文件，单击"导入"按钮，在页面中单击导入图片，如图 3-84 所示。

图 3-83　宝宝秀

图 3-84　导入宝宝图像

（3）选择"艺术笔工具" ，在属性栏中选择"笔刷"模式 。

（4）在属性栏的"笔刷笔触"下拉列表框 中选择一种笔刷形状，设置"笔触宽度" 15.0 mm 为 15mm，在"手绘平滑" 50 中设置线条的平滑程度。

（5）单击并拖动鼠标，拖动到需要的位置后松开鼠标，绘制如图 3-85 所示的图形。

图 3-85　绘制图形

将笔刷应用在绘制的图形或曲线上，也可以绘制出漂亮的效果。选择"矩形工具" ，绘制一个矩形。选择"艺术笔工具" ，并单击属性栏中的"笔刷"按钮 ，鼠标光标变为 ，单击选取矩形，如图 3-86 所示；为矩形应用笔刷形状，如图 3-87 所示。

图 3-86　选择"艺术笔工具"选取矩形　　　　图 3-87　为矩形应用笔刷形状

（6）选择"艺术笔工具" ，并单击属性栏中的"喷涂"按钮 ，在属性栏的"喷射图样"下拉列表中选择一种图形，在页面中拖动鼠标，喷绘出的图形效果，如图 3-88 所示。

图 3-88　喷绘的图形效果

3.8　实例：小猫图形（修饰图形）

使用"橡皮擦工具" 和"涂抹笔刷工具" 可以实现对象的分割、擦除和变形的操作，下面将以"小猫图形"为例，具体讲解如何使用以上两种工具对图形进行编辑，制作完成的效果如图 3-89 所示。

1. 擦除图形

（1）选择"文件"|"新建"命令，新建一个横向文档。双击工具箱中的"矩形工具" 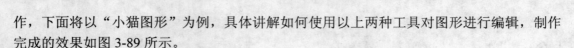，自动创建一个与页面大小相同的矩形，填充天蓝色（C40），如图 3-90 所示。

（2）使用工具箱中"椭圆形工具" 在视图中绘制白色椭圆形，如图 3-91 所示。

图 3-89 完成效果图 　　　　 图 3-90 创建矩形 　　　　 图 3-91 绘制椭圆形

（3）选择工具箱中的"橡皮擦工具" ，在属性栏中设置"橡皮擦厚度"为 4mm，参照图 3-92 所示，在需要擦除的图形上单击并拖动鼠标，释放鼠标后，鼠标经过的地方将被擦除掉，效果如图 3-93 所示。

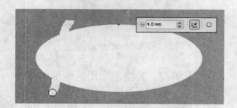

图 3-92 擦除图形 　　　　　　　　 图 3-93 擦除图形效果

（4）使用相同的方法，继续使用"橡皮擦工具" 擦除掉椭圆形中部分图形，得到图 3-94 所示效果。

（5）选择工具箱中"智能填充工具" ，依次在擦除后的图形上单击，如图 3-95 所示，将其分解为独立的图形。

图 3-94 继续擦除图形 　　　　　　 图 3-95 分解图形

（6）参照图 3-96 所示，分别为图形填充颜色，并取消轮廓线的填充。然后使用"椭圆形工具"在图形底部绘制白色椭圆形，调整图形位置，如图 3-97 所示。

图 3-96　填充颜色

图 3-97　绘制椭圆形

2．粗糙笔刷

（1）选择"文件"|"打开"命令，打开"打开"对话框，选择配套资料/Chapter-03/素材/"小猫.cdr"文件，单击"确定"按钮，打开素材图形，如图 3-98 所示。

（2）使用"选择工具"拖动小猫图形到正在编辑的文档中，参照图 3-99 所示，调整图形大小与位置。

图 3-98　素材图形

图 3-99　调整图形大小与位置

（3）保持小猫图形的选择状态，按下快捷键 Ctrl＋U 取消图形的群组，然后将视图中小猫边缘为深黄色描边效果的曲线图形选中。

（4）选择工具箱中"粗糙笔刷"，在属性栏中设置"笔尖大小"为 6mm。参照图 3-100 所示，在小猫耳朵位置单击，对图形进行修饰，如图 3-101 所示。

（5）使用相同的方法，继续使用"粗糙笔刷"在小猫耳朵、尾巴位置修饰，得到图 3-102 所示效果，完成本实例的操作。

图 3-100　使用粗糙笔刷

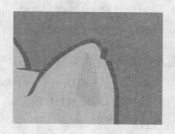

图 3-101　修饰图形效果

图 3-102　修饰图形

3.9 实例：创建射线图形（折线工具）

在本章前面的内容中，编者向大家介绍过利用"折线工具"⚡可以绘制出简单的直线和曲线图形，下面将以"创建射线图形"为例，更为具体地讲解如何使用"折线工具"⚡创建装饰图形，制作完成的效果如图 3-103 所示。

（1）选择"文件"|"新建"命令，新建一个横向文档。双击工具箱中的"矩形工具"▢，自动创建一个与页面大小相同的矩形，填充红色（M100、Y100），如图 3-104 所示。

（2）选择工具箱中"折线工具"⚡，在视图中单击创建起点，在不同的位置连续单击，可创建连续的折线，当需要闭合路径时，移动鼠标至路径起点，指针变为 ⌖ 状态时单击，即可创建闭合的路径，如图 3-105 所示。

图 3-103　完成效果图　　　　图 3-104　绘制矩形　　　　图 3-105　闭合图形

（3）参照图 3-106 所示，为图形填充黄色（Y100），并取消轮廓线的填充。

（4）选择"文件"|"导入"命令，打开"导入"对话框，选择配套资料/Chapter-03/素材/"圣诞树.psd"文件，单击"导入"按钮，关闭对话框。参照图 3-107 所示调整素材图像的大小与位置。

（5）使用工具箱中"文本工具"⟦字⟧在视图右下角位置输入文本"圣诞快乐"，如图 3-108 所示。

图 3-106　设置颜色　　　　图 3-107　导入素材图像　　　　图 3-108　添加文字

（6）按下小键盘上"＋"键复制文本。单击工具箱中"轮廓笔工具"🖊，在弹出的工具展示栏中选择"画笔"，打开"轮廓笔"对话框，参照图 3-109 所示设置对话框参数，单击"确定"按钮，为文本添加描边效果，如图 3-110 所示。

（7）选择"排列"|"顺序"|"向后一层"命令，调整文本顺序与位置，效果如图 3-111 所示，完成本实例的操作。

图 3-109　设置轮廓线宽度　　　　　　　　　图 3-110　应用轮廓线效果

图 3-111　调整文本排列顺序

3.10　实例：POP 广告（艺术画笔——预设笔触列表）

在 CorelDRAW X5 中，用户可以使用预设的艺术画笔进行图形的绘制。下面将以"POP
广告"为例，具体地讲解如何使用预设列表中的艺术画笔创建图形，制作完成的效果如图
3-112 所示。

（1）选择"文件"|"新建"命令，新建一个横向文档。双击工具箱中的"矩形工具"
，自动创建一个与页面大小相同的矩形，填充绿色（C38、Y96），如图 3-113 所示。

（2）参照图 3-114 所示，使用"矩形工具"继续在视图中绘制黄色（Y100）矩形，
并取消轮廓线的填充。

　　　　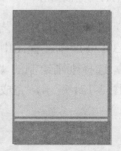

图 3-112　完成效果图　　　　　图 3-113　创建矩形 1　　　　　图 3-114　绘制矩形 2

（3）选择工具箱中"艺术笔工具"，在属性栏中设置"艺术笔工具宽度"为 7.5mm，
单击"艺术笔触列表"下拉按钮，在弹出的下拉列表中选择一种艺术笔触，然后参照图 3-115

所示在视图中绘制"惊爆价"字样图形。

（4）选择绘制的"惊爆价"字样图形，按下快捷键 Ctrl＋G 将图形群组，为其填充白色，并取消轮廓线的填充，如图 3-116 所示。

图 3-115　绘制字样图形　　　　　　　　　　图 3-116　为图形填充颜色

（5）参照图 3-117 所示，使用工具箱中"贝塞尔工具"在视图中绘制橘红色（M60、Y100）曲线图形。

（6）按下小键盘上的"＋"键，将刚刚绘制的曲线图形复制，并填充白色。参照图 3-118 所示，调整图形位置。

（7）参照图 3-119 所示，使用"文本工具"在视图中分别输入文本"牛仔裤"、"元"和"一切为您省钱"、"处处让您满意"，并设置文本格式。

图 3-117　绘制图形　　　　图 3-118　复制及调整图形　　　　图 3-119　添加文字信息

（8）选择工具箱中"艺术笔工具"，在属性栏中设置"艺术笔工具宽度"为 15mm，参照图 3-120 所示在视图中绘制"25"字样图形。

（9）选择刚刚绘制的"25"字样图形，填充红色（M100、Y100），并取消轮廓线的填充，如图 3-121 所示，完成本实例的制作。

图 3-120　绘制字样图形　　　　　　　　图 3-121　设置颜色

课后练习

1. 制作简单卡通画，效果如图 3-122 所示。

要求：

（1）使用矩形工具创建纯白背景。

（2）使用"钢笔工具"、"贝塞尔工具"或者"艺术笔工具" ⤵ 绘制卡通图形。

2. 绘制卡通人物，效果如图 3-123 所示。

图 3-122　卡通图形效果图

图 3-123　卡通人物效果图

要求：

（1）创建单色背景。

（2）使用"贝塞尔工具" ⤵ 绘制卡通人物。

本课知识结构

在 CorelDRAW X5 中，可以对对象进行排序、对齐、分布、锁定、群组等组织图形的操作。此外，还可以利用相关的命令在几个已有图形的基础上生成一个新的图形，具体包括"相交"、"修剪"、"合并"等。在本课中，编者就将带领读者学习对象组织和造型的方法和技巧。

就业达标要求

☆ 掌握如何对齐和分布对象 ☆ 掌握对象造型的方法
☆ 掌握对象的排序、群组及锁定操作 ☆ 掌握如何使用对象管理器
☆ 掌握如何结合和拆分对象 ☆ 图层的运用
☆ 掌握如何将轮廓转换为对象

4.1 实例：产品展示（对齐和分布对象）

对象的对齐操作具体是指可以使页面中的对象按照某个指定的规则在水平方向或者竖直方向上对齐。通过对象的分布操作，可以控制多个图形对象之间的距离，图形对象可以分布在页面范围内或选定的区域范围内。

下面将以"产品展示"为例，详细讲解对齐和分布对象的方法和技巧。制作完成的"产品展示"效果如图 4-1 所示。

1. 对齐对象

（1）选择"文件"|"打开"命令，或按 Ctrl＋O 快捷键，或者在标准工具栏上单击"打开"按钮，打开配套资料\Chapter-04\素材\"绿色背景.cdr"文件，如图 4-2 所示。

（2）新建"图层 2"，选择"椭圆形工具"，参照图 4-3 所示配合 Ctrl 键在视图中绘制正圆形，为其填充白色，取消轮廓线的填充。

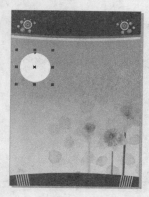

图 4-1　完成效果图　　　　　　　图 4-2　素材文件　　　　　　图 4-3　绘制正圆形

（3）按下键盘上的 Ctrl＋C 快捷键复制正圆形，然后按下键盘上的 Ctrl＋V 快捷键进行粘贴，并对图形的位置进行初步的调整，如图 4-4 所示。

（4）选择全部正圆形，选择"排列"|"对齐和分布"|"水平居中对齐"命令，使图形水平居中对齐，效果如图 4-5 所示。

2．分布对象

（1）单击属性栏中的"对齐和分布"按钮，打开"对齐和分布"对话框，选择"分布"，然后参照图 4-6 所示在该设置区域中进行设置，单击"应用"按钮，分布对象，效果如图 4-7 所示。

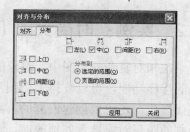

图 4-4　复制正圆形　　　　　图 4-5　对齐正圆形　　　　图 4-6　"对齐和分布"对话框 1

（2）群组正圆形，然后进行复制，并参照图 4-8 所示初步调整图形的位置。

（3）选中全部正圆形，参照图 4-9 所示在"对齐和分布"对话框中进行设置，然后单击"应用"按钮，分布对象，效果如图 4-10 所示。

（4）新建"图层 3"，选择"文件"|"打开"命令，打开配套资料\Chapter-04\素材\"鞋.cdr"文件，复制鞋图形到当前正在编辑的文件中，如图 4-11 所示。

（5）取消正圆形的编组，利用"对齐和分布"对话框使各个鞋子图形与其后方的正圆形中心对齐，并对图形的位置做出细致的调整，完成实例的制作，效果如图 4-12 所示。

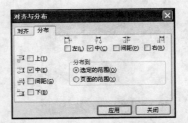

图 4-7 水平居中分布对象   图 4-8 群组并复制正圆形   图 4-9 "对齐与分布"对话框 2

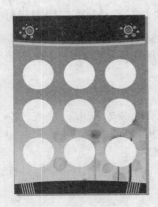

图 4-10 继续分布对象   图 4-11 添加素材图形   图 4-12 调整鞋子图形的位置

4.2 实例：时尚女郎（对象的排序、群组及锁定）

在相对复杂的绘图中，对象的排列顺序决定了图形的外观，CorelDRAW X5 提供了对象的排序功能，可以安排多个图形对象的前后顺序。将多个图形对象群组在一起，可便于整体操作，还可以创建嵌套的群组。利用"锁定对象"命令，可以将对象锁定，从而避免绘制的图形对象被意外地改动。解除对象的锁定后，可以再对其进行编辑。

下面将以"时尚女郎"为例，详细讲解对象的排序、群组及锁定操作，制作完成的效果如图 4-13 所示。

1. 对象的排序

（1）选择"文件"|"打开"命令，打开配套资料\Chapter-04\素材\"时尚女郎素材.cdr"文件。

（2）使用"选择工具" ![] 选中灰色图形，选择"排列"|"顺序"|"到图层前面"命令，调整图形的顺序，起到遮盖粉色图形的作用，如图 4-14、图 4-15 所示。

图 4-13　完成效果图　　　图 4-14　选择灰色图形　　　图 4-15　调整图形的顺序

2. 对象的锁定与解锁

在"对象管理器"泊坞窗中以单击铅笔图标的方式锁定背景图层和"图层 2"，如 4-16、图 4-17 所示。

图 4-16　"对象管理器"泊坞窗　　　　　图 4-17　锁定图层

 如果要解锁图层，只需在相应的处于锁定状态的图层前方的铅笔图标处单击即可。

3. 对象的群组与解组

选中"图层 1"，使用"选择工具" 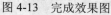 选中人物图形，选择"排列"|"群组"命令，群组人物图形，如图 4-18、图 4-19 所示。

图 4-18　选择人物图形　　　　　图 4-19　群组人物图形

4.3　实例：时尚花纹（结合和拆分对象）

　　将多个图形对象合并在一起，可以创建一个新的对象，相反的，拆分则可以将一个结合而成的图形对象拆分成多个单独的图形对象。

　　下面将以"时尚花纹"为例，详细讲解结合和拆分对象的操作方法，完成效果如图 4-20 所示。

　　1．结合对象

　　（1）选择"文件"|"新建"命令，新建一个横向文档，选择工具箱中的"矩形工具"□，参照图 4-21 所示绘制一个与页面大小相同的矩形，填充洋红色（M100），并调整与页面中心对齐。

　　（2）锁定"图层 1"，新建"图层 2"，选择工具箱中的"贝塞尔工具"，参照图 4-22 所示在页面中所示位置绘制曲线图形，填充白色，取消轮廓线的填充。

图 4-20　完成效果图　　　　　　图 4-21　绘制矩形　　　　　　图 4-22　绘制曲线图形

　　（3）使用"贝塞尔工具"继续在页面中绘制曲线图形，构成心形图案，效果如图 4-23 所示。

　　（4）使用"选择工具"选择绘制的心形图形，选择"排列"|"合并"命令，合并对象，如图 4-24、图 4-25 所示。

图 4-23　继续绘制图形　　　　　图 4-24　选择对象　　　　　　图 4-25　合并对象

　　（5）复制合并的对象，参照图 4-26 所示调整复本图形的大小、角度和位置。

　　2．拆分对象

　　（1）参照图 4-27 所示选择心形图形，并选择"排列"|"拆分曲线"命令拆分对象，然后调整图形的位置，加强交错效果，如图 4-28 所示。

　　（2）参照图 4-29 所示继续拆分页面中的部分心形图形，并调整图形的角度和位置，完成实例的制作。

图 4-26　复制心形图形

图 4-27　拆分对象

图 4-28　调整图形的位置

图 4-29　继续拆分并调整图形

4.4　实例：标志设计（将轮廓转换为对象）

将封闭图形对象的轮廓转换成独立的图形对象，可以分开图形对象的轮廓线和封闭的填充区域。

下面将以"标志设计"为例，为大家讲解如何将轮廓转换为对象，完成效果如图 4-30 所示。

（1）选择"文件"|"新建"命令，新建一个横向文档，使用工具箱中的"矩形工具"□，参照图 4-31 所示绘制一个与页面大小相同的矩形，填充淡绿色（C20，Y60），并调整与页面中心对齐。

图 4-30　完成效果图

图 4-31　绘制矩形

（2）选择"排列"|"锁定对象"命令，将矩形锁定，使用工具箱中的"文字工具"字，在页面中输入标志中的文字，如图 4-32、图 4-33 所示。

图 4-32 "对象管理器"泊坞窗 1

图 4-33 创建文字

（3）选择"排列"|"转换为曲线"命令，将文字对象转换为曲线图形，然后设置填充颜色为白色，轮廓色为蓝色（C60，Y20），如图 4-34、图 4-35 所示。

图 4-34 将文字对象转换为曲线图形

图 4-35 "对象管理器"泊坞窗 2

（4）在属性栏中设置文字图形的"轮廓宽度"为 1.5mm，然后选择"排列"|"将轮廓转换为对象"命令，将文字图形分离为独立的两部分，如图 4-36、图 4-37 所示。

图 4-36 将轮廓转换为对象

图 4-37 "对象管理器"泊坞窗 3

（5）在"对象管理器"泊坞窗中调整对象的顺序，如图 4-38、图 4-39 所示。

（6）设置白色曲线图形的颜色为淡黄色（Y20），如图 4-40 所示。

（7）使用"贝塞尔工具" 参照图 4-41 所示绘制标志图形，为其填充橘红色和淡黄色。

图 4-38　"对象管理器"泊坞窗 4

图 4-39　调整后的效果

图 4-40　调整图形的颜色

（8）使用工具箱中的"阴影工具" 📇 为图形设置阴影，完成标志的制作，效果如图 4-42 所示。

图 4-41　绘制标志图形

图 4-42　添加阴影效果

4.5　实例：可爱猴子（对象造型）

　　造型是利用两个对象间不同方式的相互作用而创建新的对象，对象造型包括合并、修剪、相交、简化等，选择"排列"|"造型"命令，在弹出的子菜单中可以观察到相应的命令。

　　下面将以"卡爱猴子"为例，详细讲解对象造型的操作方法和技巧，制作完成的效果如图 4-43 所示。

　　1．焊接对象

　　（1）选择"文件"|"新建"命令，使用"矩形工具" 🔲 绘制出矩形，为其填充紫色，然后使用"椭圆形工具" 🔘 绘制圆形，为其填充颜色，如图 4-44 所示。

　　（2）参照图 4-45 所示，使用"椭圆形工具" 🔘 绘制椭圆形，选取绘制的三个椭圆，然后在属性栏中单击"合并"按钮 🔲，合并图形，效果如图 4-46 所示。

图 4-43　完成效果图

图 4-44　绘制图形

图 4-45　选择图形

2．修剪对象

（1）参照图 4-47 所示将绘制的椭圆形全选，单击属性栏中的"修剪"按钮，修剪图形，然后删除多余的图形，得到图 4-48 所示的效果。

图 4-46　合并图形

图 4-47　选择图形

图 4-48　修剪图形

（2）使用"椭圆形工具"绘制正圆形，并为其填充咖啡色（C60，M100，Y100，K50），将修剪后的图形和咖啡色图形排列并群组，如图 4-49 所示。

（3）将群组图形复制，排列在猴子的眼睛位置，如图 4-50 所示。

3．移除前面对象

（1）使用"椭圆形工具"绘制椭圆形，复制并缩小椭圆形，放置在大椭圆形左上角，单击属性栏中的"水平镜像"按钮，镜像出另一小椭圆形，效果如图 4-51 所示。

图 4-49　排列群组

图 4-50　排列图形

图 4-51　绘制图形

（2）全选椭圆形，然后单击属性栏中的"移除前面对象"按钮，为修剪出的图形填充肉粉色（M60，Y40），如图 4-52 所示。

（3）使用"椭圆形工具"绘制椭圆形，再复制椭圆形，并为其填充肉粉色（M60，

Y40），如图 4-53、图 4-54 所示。

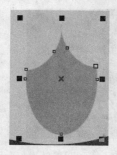
图 4-52　移除前面对象并填充颜色

图 4-53　绘制椭圆形

图 4-54　复制并填充颜色

（4）使用"椭圆形工具" 绘制圆形，选择两个圆形，然后单击属性栏上"对齐与分布"命令，选择"右"选项（如图 4-55 所示），使椭圆形右对齐，效果如图 4-56 所示。

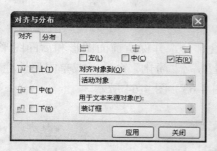
图 4-55　"对齐与分布"对话框

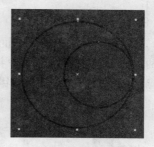
图 4-56　选择"右"选项

（5）参照图 4-57 所示为两个椭圆形分别填充颜色（C44，M89，Y100，K14）和（M33，Y25），然后放置在猴子左耳位置。

（6）复制图形，放置在猴子右耳位置，如图 4-58 所示。

（7）使用"文本工具" ，输入文字"Monkey"，如图 4-59 所示。

图 4-57　填充颜色并调整图形位置

图 4-58　复制图形并调整位置

（8）使用"阴影工具" 为文字添加阴影效果，完成制作，效果如图 4-60 所示。

4．相交对象

"相交"是以两个或多个对象重叠的部分来创建新的对象，新建对象的填充和轮廓属性取决于目标对象的填充和轮廓属性。

图 4-59　输入文字

图 4-60　添加阴影效果

选取两个重叠的图形，选择"排列"|"造型"|"相交"命令，或单击属性栏中的"相交"按钮，完成对象的相交操作，将相交后的新图形移动到其他的位置，效果如图 4-61、图 4-62 所示。

5. 简化

"简化"是减去后面图形和前面图形的重叠部分，并保留前面图形和后面图形的状态。

选取两个重叠的图形，选择"排列"|"造型"|"简化"命令，或单击属性栏中的"简化"按钮，完成对象的简化操作，效果如图 4-63、图 4-64 所示。

图 4-61　选择图形 1

图 4-62　相交图形

图 4-63　选择图形 2

6. 移除后面对象

"移除后面对象"是减去后面图形，并减去前后图形的重叠部分，保留前面图形的剩余部分。

选取两个重叠的图形，选择"排列"|"造型"|"移除后面对象"命令，或单击属性栏中的"移除后面对象"按钮，完成对象的移除操作，效果如图 4-65、图 4-66 所示。

图 4-64　简化图形

图 4-65　选择图形 3

图 4-66　前减后效果

4.6　实例：图形设计（对象管理器）

利用"对象管理器"泊坞窗，可以合理的组织与安排对象、改变对象的层次关系以及选定对象。"对象管理器"泊坞窗适用于一些复杂的绘图，通过使用该功能，绘图效率将会有很大的提高。

在"对象管理器"泊坞窗中通过页面、层和对象的树状结构来显示对象的状态和属性，每一个对象都有一个对应的图标和简单的说明来描述对象的属性，如果选择对象管理器中的某一图标，则绘图页面中的相对应的对象也会被选中。

下面将以"图形设计"为例，详细讲解"对象管理器"泊坞窗的使用方法，制作完成的效果如图 4-67 所示。

（1）选择"文件"|"新建"命令，新建文档，双击工具箱中的"矩形工具"，绘制一个与绘图页面同等大小的矩形，按下键盘上的 F11 快捷键打开"渐变填充"对话框，参照如图 4-68 所示设置各项参数，单击"确定"按钮后完成填充，并取消轮廓线的填充，如图 4-69 所示。

图 4-67　完成效果图

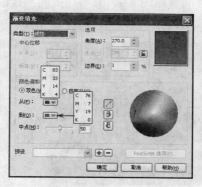
图 4-68　"渐变填充"对话框 1

图 4-69　渐变填充效果 1

（2）使用"矩形工具" 参照图 4-70 所示在页面中绘制矩形，然后为矩形设置渐变色，并取消轮廓线的填充，如图 4-71、图 4-72 所示。

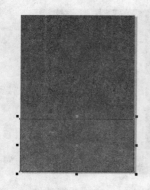
图 4-70　绘制矩形

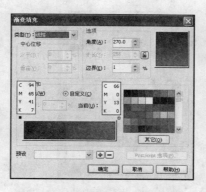
图 4-71　"渐变填充"对话框 2

图 4-72　渐变填充效果 2

（3）选择"文件"|"打开"命令，打开配套资料\Chapter-04\素材\"图形设计素材.cdr"
文件，将其中的图形复制到当前正在编辑的文件中，如图 4-73 所示。

（4）锁定"图层 1"，单击"对象管理器"泊坞窗底部的"新建图层"按钮，新建"图
层 2"，如图 4-74～图 4-76 所示。

图 4-73 复制素材图形   图 4-74 锁定图层   图 4-75 单击按钮

（5）使用"贝塞尔工具"参照图 4-77 所示在页面上绘制图形，然后为图形设置渐变
色，并取消轮廓线的填充，效果如图 4-78、图 4-79 所示。

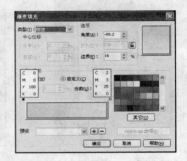

图 4-76 新建图层   图 4-77 绘制图形   图 4-78 "渐变填充"对话框

（6）选择"效果"|"立体化"命令，为绘制好的图形设置立体透视效果，如图 4-80、
图 4-81 所示。

图 4-79 渐变填充效果   图 4-80 进行透视编辑   图 4-81 立体透视效果

（7）使用"贝塞尔工具" 为调整好透视效果的图形绘制立体透视效果，如图 4-82 所示，并为图形设置渐变色，如图 4-83、图 4-84 所示。

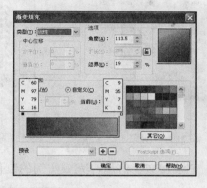

图 4-82　绘制图形　　　　　　图 4-83　"渐变填充"对话框　　　　图 4-84　渐变填充效果

（8）在"对象管理器"泊坞窗中选择上一步绘制的图形，并参照图 4-85、图 4-86 所示调整图形的顺序，得到图 4-87 所示的效果。

图 4-85　选择图形　　　　　　图 4-86　调整顺序　　　　　图 4-87　调整顺序后的图形

（9）使用相同方法继续绘制图形，并调整图形的位置，如图 4-88～图 4-90 所示。

图 4-88　绘制图形　　　　　　图 4-89　调整图形的位置　　　　图 4-90　继续绘制图形

（10）将"画册设计素材.cdr"文件中的阴影图像复制到当前正在编辑的文件中，并在"对象管理器"中调整图形的顺序，如图 4-91～图 4-93 所示。

图 4-91　添加素材图像　　　　　图 4-92　调整图像的位置

（11）使用"文本工具"字添加文字信息，完成实例的制作，效果如图 4-94 所示。

图 4-93　图像调整效果　　　　　图 4-94　添加文字信息

 "对象管理器"泊坞窗除了对整幅作品的页面进行管理外，还可以对主页进行管理，主页是整个绘图中所共有的元素，每一个页面都会存在的对象就放在主页上。

4.7　实例：POP 海报设计（应用图层）

CorelDRAW 中的"图层"相当于透明的页面，在不同的图层上创建对象，然后将这些"图层"重叠在一起就会显示最后完整的作品。

利用"图层"功能，可以安排对象的顺序。图层中可以包含很多对象，并且可以方便地划分与管理对象。"辅助线"、"桌面"和"网格"属于特殊的图层，不能被删除。

下面将以"POP 海报设计"为例，详细讲解图层的使用方法和技巧，完成效果如图 4-95 所示。

（1）选择"文件"|"新建"命令，新建一个横向文档，双击工具箱中的"矩形工具"□，绘制出与绘图页面同等大小的一个矩形，填充颜色设置为浅绿色（C52，Y98），并取消轮廓线的填充，如图 4-96 所示。

（2）锁定"图层 1"，新建"图层 2"，使用"贝塞尔工具"□参照图 4-97 所示在页面中绘制图形，均填充为白色。

图 4-95　完成效果图

图 4-96　绘制矩形

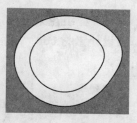

图 4-97　绘制药瓣图形

（3）选择绘制的图形，单击属性栏中的"移除前面对象"按钮 ，对图形进行修剪，得到图 4-98 所示效果。

（4）使用"贝塞尔工具" 在页面中绘制花瓣和花芯图形，效果如图 4-99 所示。

图 4-98　修剪图形

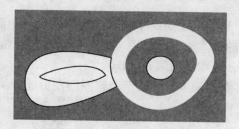

图 4-99　绘制花瓣和花芯图形

（5）选择花瓣图形，单击属性栏中的"移除前面对象"按钮 ，对图形进行修剪，并取消已绘制图形的轮廓线填充，效果如图 4-100 所示。

（6）使用相同方法绘制其他花瓣图形，将花瓣图形置于花芯图形的下层，如图 4-101、图 4-102 所示。

图 4-100　修剪花瓣图形

图 4-101　继续创建花瓣图形

图 4-102　调整图形的顺序

（7）群组花朵图形，然后参照图 4-103 所示调整图形的大小以及在页面中的位置。

（8）将白色花朵复制，粘贴至视图中并调整大小、位置及角度，将其中部分花朵的"轮廓宽度"设置为发丝，轮廓颜色设置为白色，并为页面右侧的两朵白花添加阴影效果，如图 4-104 所示。

（9）群组花朵图形，选择"文件"|"打开"命令，打开配套资料\Chapter-04\素材\ "POP 海报设计素材.cdr"文件，将其中的装饰花纹图形复制到当前正在编辑的文件中，如图 4-105 所示。

图 4-103　调整图形的大小和位置　　　图 4-104　复制花朵图形　　　图 4-105　添加素材图形

（10）锁定"图层 2"，新建"图层 3"，使用"贝塞尔工具" 绘制女孩图形，首先绘制出女孩的基本外形，如图 4-106 所示，然后参照图 4-107 所示效果为图形填充颜色，并取消各部分轮廓线的填充。

（11）参照图 4-108 所示调整图形在页面中的位置。

图 4-106　绘制人物轮廓　　　图 4-107　填充颜色 1　　　图 4-108　调整图形的位置

（12）使用"贝塞尔工具" 绘制大象，填充颜色设置为淡黄色（Y20）和秋橘红色（M60，Y80），并取消轮廓线的填充，如图 4-109、图 4-110 所示。

（13）使用"贝塞尔工具" 继续绘制大象图形中的细节图形，并调整图形在页面中的位置，如图 4-111、图 4-112 所示。

图 4-109　添加素材图形　　　图 4-110　填充颜色 2　　　图 4-111　继续绘制图形

（14）使用"贝塞尔工具" 参照图 4-113 所示绘制向日葵图形，然后调整其在页面中的位置，如图 4-114 所示。

图 4-112　调整图形的位置 1

图 4-113　绘制向日葵图形

图 4-114　调整图形的位置 2

（15）复制向日葵，粘贴至页面右上角，调整大小，使用"阴影工具" 为图形添加投影效果，操作完毕后连同阴影复制图形，并粘贴至原位一次，使阴影加深，如图 4-115 所示。

（16）新建"图层 4"，选择"贝塞尔工具" ，参照图 4-116 所示在页面中绘制艺术字"好消息"，并设置填充颜色为红色（M99，Y95）。

（17）使用"选择工具" 选择"好"字左半边的两部分图形，选择"排列"|"造型"|"移除前面对象"命令，创建镂空效果，并取消文字图形轮廓线的填充，如图 4-117 所示。

图 4-115　复制向日葵图形　　图 4-116　绘制艺术字　　　图 4-117　创建镂空效果

（18）使用"贝塞尔工具" 绘制艺术字的黑色及白色描边图形，绘制完毕后选择"排列"|"顺序"|"置于此对象后"命令将其置于文字后部，并群组艺术字，效果如图 4-118、图 4-119 所示。

（19）使用"贝塞尔工具" 绘制艺术字的高光部分，填充颜色设置为淡黄色（C2，M2，Y23），产生图 4-120 所示立体化效果，然后群组高光图形。

图 4-118　绘制描边图形　　　图 4-119　调整图形的顺序　　图 4-120　绘制高光图形

（20）使用"贝塞尔工具" 绘制艺术字"新书上市"，填充颜色后使用"阴影工具" 为文字图形添加阴影效果，如图 4-121～图 4-123 所示。

（21）使用"贝塞尔工具" 在图 4-124 所示位置绘制书名，字体颜色设置为浅黄色

（Y60），书名号颜色设置为深一些的黄色（C4，Y2，M76），取消轮廓线的填充后群组图形。

图 4-121　绘制文字图形　　　　图 4-122　设置图形颜色　　　　图 4-123　添加阴影效果

（22）使用"贝塞尔工具" 绘制艺术字"会员 8 折"，并为其添加阴影图形，效果如图 4-125 所示。

（23）将"POP 海报设计素材.cdr"文件中的标志图形复制到当前正在编辑的文件中，如图 4-126 所示。

图 4-124　绘制书名　　　　图 4-125　绘制艺术字图形　　　　图 4-126　添加素材图形

（24）参照图 4-127 所示在"对象管理器"泊坞窗中选中图形，然后调整图形的顺序，完成实例的制作，如图 4-128、图 4-129 所示。

图 4-127　选择图形　　　　图 4-128　调整图形的顺序　　　　图 4-129　调整顺序后的效果

课后练习

1. 利用对齐与分布功能制作图 4-130 所示的图形。

要求：

（1）绘制出所需图形。

（2）为图形填充不同的颜色，绘制不同的效果。

（3）在"对齐和分布"对话框中进行操作，完成图形的制作。

2. 利用本课中的造型知识制作出图 4-131 所示的彩球图形。

图 4-130　效果图 1　　　　　　　图 4-131　效果图 2

要求：

（1）使用"椭圆形工具" ◎ 和"贝塞尔工具" ↘ 绘制出所需的圆形和曲线图形。

（2）通过使用"合并" 🖺 和"移除前面对象" 🖺 按钮制作出彩球图形。

第 5 课
编辑轮廓线与填充颜色

本课知识结构

图形对象都具备两个属性，即内部填充和轮廓，CorelDRAW X5 提供了与其相关的选项设置。对于填充属性，系统提供了均匀填充、渐变填充、图样填充、底纹填充和 PostScript 填充 5 种类型；对于轮廓属性，用户则可以自定义图形轮廓线的"颜色"、"宽度"、"样式"等内容。本课将学习编辑图形轮廓线和填充颜色的方法和技巧，希望读者在学习本课内容后，可以制作出精美的轮廓和填充效果。

就业达标要求

☆ 编辑轮廓线   ☆ 网状填充工具
☆ 颜色填充   ☆ 图样填充、底纹填充和 PostScript 填充
☆ 渐变填充   ☆ 智能填充工具
☆ 交互式填充

5.1 实例：五谷丰登（编辑轮廓线）

一个图形对象的边缘就是该图形的轮廓线，用户可以对轮廓线指定颜色，也可以改变其宽度和样式。

下面将以"五谷丰登"为例，详细讲解图形轮廓线颜色、宽度和样式的设置。绘制完成的"五谷丰登"效果如图 5-1 所示。

（1）按 Ctrl＋N 快捷键，新建一个图形文件。选择"矩形工具"，绘制一个矩形。

（2）选取矩形，单击"轮廓笔工具"，弹出"轮廓笔工具"的"轮廓展开工具栏"，如图 5-2 所示。选择"画笔"选项，弹出"轮廓笔"对话框，或按 F12 快捷键，也可打开该对话框，如图 5-3 所示。

（3）在"轮廓笔"对话框中，设置轮廓线颜色为（C10，M16，Y58）。

（4）在"轮廓笔"对话框中，设置轮廓线宽度为 1.0mm。

图 5-1　五谷丰登　　　　　　　图 5-2　轮廓展开工具栏

（5）在"轮廓笔"对话框中，设置轮廓线的样式为 ，单击"确定"
按钮，轮廓线效果如图 5-4 所示。

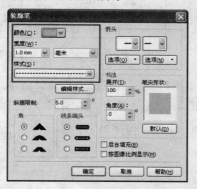

图 5-3　"轮廓笔"对话框　　　　　　图 5-4　设置矩形的轮廓线

- "颜色"选项可以设置轮廓线的颜色，单击颜色列表框 ，弹出颜色下拉列表，
  如图 5-5 所示。在颜色下拉列表中可以选择需要的颜色，也可以单击"其他"按钮，
  弹出"选择颜色"对话框，如图 5-6 所示，在对话框中可以调配需要的颜色。

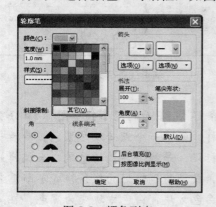

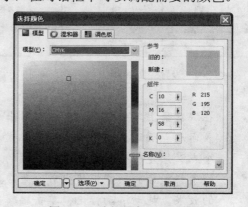

图 5-5　颜色列表　　　　　　　　图 5-6　"选择颜色"对话框

在选取图形对象的状态下，直接在调色板中需要的颜色上单击鼠标右键，可以
快速填充轮廓线颜色。

- "宽度"选项可以设置轮廓线的宽度值和度量单位，如图 5-7 和图 5-8 所示，也可以在数值框中直接输入宽度数值。

图 5-7　设置轮廓线宽度值　　　　　　　图 5-8　设置轮廓线宽度度量单位

- "样式"选项可以选择轮廓线的样式，单击样式列表框 [============▼]，弹出样式下拉列表，如图 5-9 所示。单击 [编辑样式...] 按钮，弹出"编辑线条样式"对话框，如图 5-10 所示。该对话框上方是编辑条，右下方是预览框。

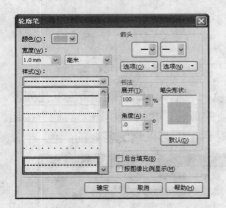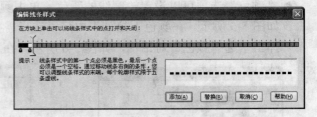

图 5-9　设置轮廓线样式　　　　　　　图 5-10　"编辑线条样式"对话框

 在编辑条上单击或拖动可以编辑出新的线条样式，下面的两个锁型图标🔒🔒分别表示起点循环位置和终点循环位置。线条样式的第一个点必须是黑色，最后一个点必须是一个空格。线条右侧的是滑动标记，是线条样式的结尾。当编辑好线条样式后，预览框将生成线条应用样式，就是将编辑好的线条样式不断重复的效果。拖动滑动标记，单击编辑条上的白色方块，白色方块变为黑色，在黑色方块上单击可以将其变为白色，如图 5-11 所示。编辑好需要的线条样式后，单击"添加"按钮，可以将新编辑的线条样式添加到"样式"下拉列表中，单击"替换"按钮，新编辑的线条样式将替换原来在下拉列表中选中的线条样式。

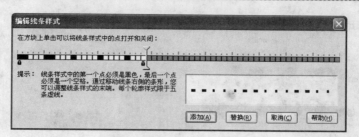

图 5-11　编辑线条样式

5.2　实例：邂逅浪漫（编辑轮廓线）

在"轮廓笔"对话框中，除了可以对轮廓线的颜色、宽度和样式属性进行设置以外，还可以进行更为具体的设置，其中"角"设置区域可以设置轮廓线拐角的样式；而在"线条端头"设置区域可以设置线条端头的样式。

下面将以"邂逅浪漫"为例，详细讲解图形轮廓线拐角样式、线条端头的设置。绘制完成的"邂逅浪漫"效果如图 5-12 所示。

（1）选择"文件"|"打开"命令，或按 Ctrl＋O 快捷键，或者在标准工具栏上单击"打开"按钮，打开配套资料\Chapter-05\素材\"邂逅浪漫素材.cdr"文件，如图 5-13 所示。

图 5-12　邂逅浪漫

图 5-13　素材文件

（2）选择"选择工具"，选取文字图形，按 Ctrl＋C 快捷键进行复制，再按 Ctrl＋V 快捷键进行原位粘贴。在"轮廓笔"对话框中，设置复制图形的轮廓线宽度为 4.0mm，效果如图 5-14 所示。

（3）在"轮廓笔"对话框中的"角"设置区设置轮廓线拐角的样式为"圆角"，如图 5-15 所示，轮廓线效果如图 5-16 所示。

图 5-14　设置轮廓线宽度的效果

图 5-15　设置轮廓线角样式

（4）将图形填充色和轮廓色均设置为白色，如图 5-17 所示。

图 5-16　设置轮廓线圆角样式　　　　　　图 5-17　设置图形填充色和轮廓色

（5）按 Ctrl＋PageDown 快捷键，将图形后移一层；选取前面图形并填充洋红色，效果如图 5-18 所示。

 在"轮廓笔"对话框中的"线条端头"设置区可以设置线条端头的样式，3 种线条端头样式的效果如图 5-19 所示。

图 5-18　调整后的效果　　　　　　图 5-19　3 种线条端头样式

5.3　实例：卡通笑脸（单色填充）

在 CorelDRAW X5 中，颜色的填充包括对图形对象的轮廓和内部的填充。图形对象的内部可以进行单色、渐变、图案等多种方式的填充，图形对象的轮廓只能填充单色。

下面将以"卡通笑脸"为例，详细讲解单色填充方法。填充颜色后的"卡通笑脸"效果如图 5-20 所示。

1. 使用调色板

（1）选择"文件"|"打开"命令，或按 Ctrl＋O 快捷键，或者在标准工具栏上单击"打开"按钮，打开配套资料\Chapter-05\素材\"卡通笑脸素材.cdr"文件，如图 5-21 所示。

图 5-20　卡通笑脸　　　　　　图 5-21　素材文件

（2）给图形填充颜色的最简单、直接的方法是使用调色板，CorelDRAW X5 提供了多种调色板，选择"窗口"|"调色板"命令，将弹出可供选择的多种颜色调色板，如图 5-22 所示。

（3）调色板一般在屏幕的右侧，使用"选择工具"选中屏幕右侧的条形色板，用鼠标左键拖动条形色板到屏幕的中间，默认的 CMYK 调色板如图 5-23 所示。

图 5-22　调色板菜单

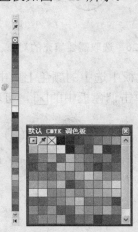

图 5-23　CMYK 调色板

在色盘上单击 图标，将弹出快捷菜单，如图 5-24 所示。选择"自定义"命令，弹出"选项"对话框，在"调色板"设置区中将最大列数设置为"3"，调色板显示如图 5-25 所示。

图 5-24　调色板快捷菜单

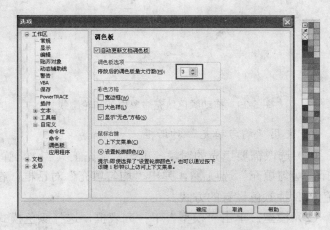

图 5-25　设置调整色板显示方式

（4）选取需要填充的对象，如图 5-26 所示。

（5）在调色板中选中的颜色上单击鼠标左键，图形对象的内部即被选中的颜色填充；单击调色板中的 ，可取消对图形对象内部的颜色填充，效果如图 5-27 所示。

图 5-26　选取需要填充的对象　　　　图 5-27　选择颜色并填充对象

（6）在调色板中选中的颜色上单击鼠标右键，图形对象的轮廓线即被选中的颜色填充；用鼠标的右键单击调色板中的⊠，可取消对图形对象轮廓线的填充；如图 5-28 所示。

图 5-28　设置轮廓线颜色

（7）用鼠标在调色板中选择颜色，拖动选中的颜色到对象上或对象的轮廓线上，也可以给对象内部或轮廓线填充颜色，如图 5-29 所示。

（8）在调色板上单击并按住鼠标左键会弹出与所选色样相邻的颜色如图 5-30 所示。

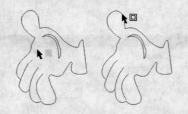

图 5-29　拖动颜色填充对象内部和轮廓线　　图 5-30　相邻颜色设置

2. 使用 "均匀填充" 对话框

（1）选取需要填充的对象，单击 "填充工具" ⬢，弹出 "填充工具" ⬢ 的展开工具栏，选择 "均匀填充" 选项 ▮，弹出 "均匀填充" 对话框，在对话框中提供了模型、混合器和调色板 3 种颜色设置的方式。

（2）模型：单击 "模型" 下拉列表框，选择颜色模式，可以在输入框中直接键入数值（M30），或者通过调色框和移动游标改变颜色，如图 5-31 所示。

（3）混合器：利用混合器可以调配特定的一组颜色，如图 5-32 所示。通过转动色环或从 "色度" 选项下拉列表中选择各种形状，可以设置需要的颜色；从 "变化" 选项的下拉列表中选择各种选项，可以调整颜色的明度；调整 "大小" 选项下的滑动块可以使选择的颜色更丰富。

图 5-31　调配颜色

（4）**调色板**：可通过 CorelDRAW X5 中已有颜色库中的颜色来填充图形对象，如图 5-33 所示。在"调色板"选项的下拉列表中可以选择需要的颜色库；在色板中的颜色上单击就可以选中需要的颜色，调整"淡色"选项下的滑动块可以使选择的颜色变淡。

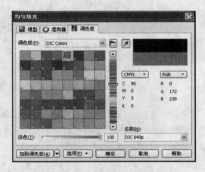

图 5-32　在混合器中调配颜色　　　　　　　图 5-33　在调色板中调配颜色

3. 使用"颜色"泊坞窗

（1）选取需要填充的对象，单击"轮廓笔工具" ，弹出"轮廓笔工具" 的展开工具栏，选择"彩色"选项 ，弹出"颜色"泊坞窗。

（2）在"颜色"泊坞窗中调配颜色（M80），单击"填充"按钮，将颜色填充到对象的内部，如图 5-34 所示。单击"轮廓"按钮，填充颜色到对象的轮廓线。

图 5-34　"颜色"泊坞窗

在"颜色"泊坞窗的右上角有 3 个按钮，分别是"显示颜色滑块"按钮、"显示颜色查看器"按钮、"显示调色板"按钮。分别单击 3 个按钮可以选择不同的调配颜色的方式，如图 5-35 所示。

图 5-35　3 种调配颜色的方式

（3）选取需要填充的对象，为其填充颜色，如图 5-36 所示。双击"矩形工具"□，绘制出一个和绘图页面大小一样的矩形，为其填充黑色，如图 5-37 所示。

图 5-36　调配并填充颜色　　　　　　　　　图 5-37　绘制并填充矩形

5.4　实例：梅花（编辑对象颜色）

使用"颜色样式"泊坞窗可以非常方便地编辑图形对象的颜色。

下面将以"梅花"为例，详细讲解编辑对象颜色的具体方法。编辑完成的"梅花"效果如图 5-38 所示。

（1）选择"文件"|"打开"命令，或按 Ctrl＋O 快捷键，或者在标准工具栏上单击"打开"按钮□，打开配套资料\Chapter-05\素材\"梅花素材.cdr"文件，如图 5-39 所示。

图 5-38　梅花　　　　　　　　　　　　　图 5-39　素材文件

（2）选择"窗口"|"泊坞窗"|"颜色样式"命令，或选择"工具"|"颜色样式"命令，弹出"颜色样式"泊坞窗，如图 5-40 所示。

（3）按 Ctrl＋A 快捷键选取页面中的全部图形，在"颜色样式"泊坞窗中单击"自动创建颜色样式"按钮，弹出"自动创建颜色样式"对话框，在对话框中单击"预览"按钮，显示出全部图形对象的颜色，如图 5-41 所示。

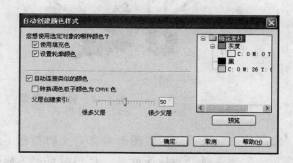

图 5-40　"颜色样式"泊坞窗　　　　图 5-41　"自动创建颜色样式"对话框

（4）在"颜色样式"泊坞窗中双击"梅花素材"文件夹，将展开图形对象的所有颜色样式，如图 5-42 所示。

图 5-42　展开图形的颜色样式

（5）在"颜色样式"泊坞窗中单击要编辑的颜色，再单击"编辑颜色样式"按钮，弹出"编辑颜色样式"对话框，在对话框中调配好颜色，如图 5-43 所示。

图 5-43　编辑颜色样式

（6）在对话框中调配好颜色后，单击"确定"按钮，图形中的颜色被新调配的颜色替换，如图 5-44 所示。

图 5-44　替换图形颜色

 经过特殊效果处理后，图形对象产生的颜色不能被纳入颜色样式中，如渐变、立体化、透明、滤镜等效果。位图对象也不能进行编辑颜色样式的操作。

5.5　实例：创建自定义调色板

为了省去重复调色的时间，提高工作效率，可以将设计制作中经常使用的颜色放在自定义的专用调色板里。

CorelDRAW X5 中提供了自定义调色板功能，但新建的调色板中没有任何颜色，必须将所需的颜色添加到调色板中。下面介绍创建和使用自定义调色板的方法。

1. 创建自定义调色板

（1）选择"工具"｜"调色板编辑器"命令，弹出"调色板编辑器"对话框，如图 5-45 所示。

（2）在"调色板编辑器"对话框中单击"新建调色板"按钮 ，弹出"新建调色板"对话框，在对话框中输入自定义调色板的名称，如图 5-46 所示。

图 5-45　"调色板编辑器"对话框　　　　　图 5-46　"新建调色板"对话框

（3）设置好后，单击"保存"按钮，弹出如图 5-47 所示的自定义调色板。

（4）单击"添加颜色"按钮，弹出"选择颜色"对话框，如图 5-48 所示，调配好一个颜色后，单击"加到调色板"按钮，可以将一个颜色添加到调色板中；再调配好一个颜色后，再单击"加到调色板"按钮，可以将第二个颜色添加到调色板中。使用相同的方法可以将多个需要的颜色添加到自定义调色板中。

图 5-47　自定义调色板

图 5-48　"选择颜色"对话框

（5）添加好颜色后，单击"确定"按钮，关闭"选择颜色"对话框，"调色板编辑器"对话框的效果如图 5-49 所示。单击"确定"按钮，自定义专用调色板的设置完成。

（6）如果想在自定义调色板设置好后继续编辑它，需重新选择"工具" | "调色板编辑器"命令，弹出"调色板编辑器"对话框，在"调色板编辑器"对话框中单击"打开调色板"按钮，将自定义调色板打开，再继续编辑即可。

2.　使用自定义调色板

选择"窗口" | "调色板" | "调色板 01"命令，弹出自定义的调色板，效果如图 5-50 所示。

图 5-49　"调色板编辑器"对话框

图 5-50　自定义的调色板

5.6　实例：美好祝福（渐变填充）

　　渐变填充是在绘制图形和设计制作时经常应用的图形填充方法之一，CorelDRAW X5 中提供了线性、辐射、圆锥和正方形 4 种渐变类型，通过调配和设置，可以绘制出多种渐变颜色效果。

　　下面将以"美好祝福"为例，详细讲解渐变填充的方法和技巧。绘制完成的"美好祝福"效果如图 5-51 所示。

　　1. 双色渐变填充

　　（1）按 Ctrl+N 快捷键，新建一个图形文件。

　　（2）选择"椭圆形工具" ，绘制一个椭圆形。选择"选择工具" ，选取绘制的椭圆形，单击"填充工具" ，弹出"填充工具" 的展开工具栏，选择"渐变填充"选项，弹出"渐变填充"对话框，或按 F11 快捷键也可打开它，如图 5-52 所示。

　　（3）在"类型"下拉列表框中选择"辐射"渐变类型。"辐射"渐变是从起点到终点以圆的形式向外发散，逐渐改变。在"步长"选项中设定渐变的阶层，一般设置为 256。这个数值越大，渐变越显平滑。在"边界"选项中设定变化边缘的厚度为 19，数值在 0～49 之间变化，数值越大，边缘看起来就越明显。

　　（4）在渐变预览图 中拖动鼠标，调整"中心位移"。

　　（5）单击选择"双色"单选钮，表示将一种颜色与另一种颜色混合。为椭圆形填充从颜色（C7，M49，Y4）到颜色（C4，M19，Y4）的辐射渐变，并去除椭圆形轮廓线，效果如图 5-53 所示。

图 5-51　美好祝福

图 5-52　"渐变填充"对话框

　　在"颜色调和"设置区中有 3 个按钮，可以用来确定颜色在"色轮"中所要遵循的路径。 表示由沿直线变化的色相和饱和度来决定中间的填充颜色； 表示以"色轮"中沿逆时针路径变化的色相和饱和度决定中间的填充颜色； 表示以"色轮"中沿顺时针路径变化的色相和饱和度决定中间的填充颜色。

　　（6）绘制其他图形，并为其填充辐射渐变，如图 5-54 所示。

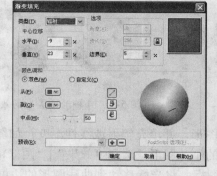

图 5-53　为椭圆形填充辐射渐变　　　　　图 5-54　为其他图形填充辐射渐变

（7）选择"贝塞尔工具" ，绘制图形，选择"选择工具" ，选取绘制的曲线图形。

（8）单击"填充工具" ，弹出"填充工具" 的展开工具栏，选择"渐变填充"选项，弹出"渐变填充"对话框，在"类型"下拉列表框中选择"线性"渐变类型。"线性"渐变是从起点到终点发生线性渐变。

（9）在"角度"选项中，设置分界线的角度，取值范围在-360～360 之间。在"步长"选项中设定渐变的阶层，一般设置为 256。这个数值越大，渐变越显平滑。在"边界"选项中设定变化边缘的厚度为 12，数值在 0～49 之间变化，数值越大，边缘看起来就越明显。

（10）选择"双色"调和选项，可以制作两种颜色的渐变。为曲线图形填充从颜色（C4，M40，Y91）到颜色（C4，M4，Y89）的线性渐变，去除图形轮廓线，效果如图 5-55 所示。

（11）调整渐变颜色的中点 （使两种颜色各占 50%的点）。

　"角度"选项只有在选择"线性"渐变时才可用，由于"辐射"渐变是以一点为圆心，向外扩散的一种渐变方式，所以"辐射"渐变没有渐变角度控制项。

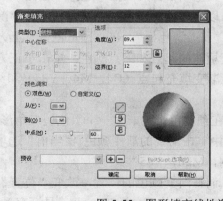

图 5-55　图形填充线性渐变

　CorelDRAW X5 提供了线性、辐射、圆锥和正方形 4 种渐变类型，4 种渐变类型的效果分别如图 5-56 所示。

图 5-56　4 种渐变类型的效果

（12）绘制其他图形，并填充辐射或线性渐变，如图 5-57 所示。

（13）选取群组的小花图形，选择"效果"|"图框精确剪裁"|"放置在容器中"命令，此时光标显示为➡图标。将光标移动到曲线图形的边框上单击，图形即置于曲线图形中，效果如图 5-58 所示。

图 5-57　为图形填充渐变

图 5-58　应用效果

2. 自定义渐变填充

（1）选择"星形工具"，在点数或边数和锐度输入框☆4 ▲70中输入数值 4、70，绘制一个星形。

（2）单击"填充工具"，弹出"填充工具"的展开工具栏，选择"渐变填充"选项，弹出"渐变填充"对话框，在"类型"下拉列表框中选择"线性"渐变类型。

（3）选择"自定义"单选钮，可以制作两种颜色以上的渐变。在"颜色调和"设置区中，显示出"预览色带"和"调色板"，在"预览色带"上方的左右两侧各有一个小正方形，分别表示自定义渐变填充的起点和终点颜色。单击小正方形将其选中，再单击调色板中的颜色，可改变自定义渐变填充起点（C4，M4，Y84）和终点的颜色（C4，M22，Y93）。

（4）在"预览色带"上双击，将在预览色带上产生一个黑色倒三角形，也就是新增了一个渐变颜色标记，在"调色板"中单击需要的渐变颜色，"当前"选项中显示的颜色就是当前新增渐变颜色标记的颜色（C4，M26，Y85）。

（5）单击并拖动颜色标记，可以调整渐变颜色的位置，改变"位置"选项中的数值也可以改变渐变颜色位置，"位置"选项中显示的百分数51 %就是渐变颜色标记的位置。

（6）使用相同的方法，新增另一个渐变颜色（C5，M49，Y87）。

（7）为星形填充自定义的线性渐变颜色，参数设置如图 5-59 所示。

（8）复制、缩放星形，效果如图 5-60 所示。

图 5-59　设置自定义渐变填充　　　　　　　　　图 5-60　制作的星形效果

"渐变填充"对话框中的"预设"下拉列表框中包括软件自带的渐变效果，可以直接选择需要的渐变效果来完成对象的渐变填充。

5.7　实例：女人花（交互式填充）

交互式填充可以更加方便、直观地调节填充效果，是 CorelDRAW X5 的特色之一。

下面将以"女人花"为例，详细讲解"交互式填充工具"的使用方法和技巧。绘制完成的"女人花"效果如图 5-61 所示。

1．使用属性栏填充

（1）按 Ctrl＋N 快捷键，新建一个图形文件。

（2）选择"贝塞尔工具"，绘制玫瑰花图形，如图 5-62 所示。选择"交互式填充工具"，弹出其属性栏，如图 5-63 所示。

图 5-61　女人花　　　　　　　　　　　图 5-62　绘制图形

（3）在属性栏下拉列表中选择填充类型为"线性"，如图 5-64 所示。以预设的颜色填充图形，如图 5-65 所示。

图 5-63　"交互式填充工具"属性栏　　　　　　　图 5-64　填充类型

（4）属性栏中的 ■∨ ■∨ 选项框用于设置渐变起点（M100）和终点颜色（C50，M100）；在 ÷ 50 ↕ %中输入数值可以设置渐变的中心点，在 -90.0 ↕ °中输入数值可以设置渐变的角度；在 19 ↕ %中输入数值可以设置渐变的边缘宽度；在 256 ↕ 中可设置渐变的层次，效果如图 5-66 所示。

图 5-65　以预设的颜色填充图形　　　图 5-66　使用属性栏设置渐变效果

2. 使用工具填充

（1）选择"贝塞尔工具" ，绘制女人图形，如图 5-67 所示。

（2）选择"交互式填充工具" ，在起点颜色的位置单击并按住鼠标左键拖动鼠标到适当的位置，松开鼠标左键，图形会被填充预设的颜色，效果如图 5-68 所示。在拖动鼠标的过程中可以控制渐变的角度、渐变的边缘宽度等渐变属性。

图 5-67　绘制图形　　　　　　　图 5-68　以预设的颜色填充图形

（3）在渐变虚线上双击，可以添加颜色标记，如图 5-69 所示。在"调色板"中单击需要的渐变颜色，可设置渐变颜色，如图 5-70 所示。

图 5-69　添加颜色标记　　　　　　图 5-70　设置渐变颜色

（4）拖动颜色起点和终点可以改变渐变的角度和边缘宽度，拖动中间点可以调整渐变颜色的分布情况。

（5）拖动渐变虚线，可以控制颜色渐变与图形之间的相对位置。

（6）选择"贝塞尔工具" ，绘制翅膀图形，如图 5-71 所示。选取图形，选择"艺术笔工具" ，并单击属性栏中的"笔刷"按钮 ，在属性栏中设置宽度和笔刷形状 ，为图形应用笔刷形状，如图 5-72 所示。

图 5-71 绘制图形

图 5-72 为图形应用笔刷形状

5.8 实例：花花草草（交互式网状填充）

交互式网状填充可以为每个网点填充上不同的颜色并且定义颜色填充的扭曲方向，轻松实现平滑的颜色过渡，制作出变化丰富的网状填充效果。

下面将以"花花草草"为例，详细讲解"网状填充工具" 的使用方法和技巧，绘制完成的"花花草草"效果如图 5-73 所示。

（1）按 Ctrl＋N 快捷键，新建一个图形文件。

（2）选择"贝塞尔工具" ，绘制图形，如图 5-74 所示。选择"交互式填充工具" ，展开工具栏中的"网状填充工具" ，此时图形中将出现如图 5-75 所示的网格。

图 5-73 花花草草

图 5-74 绘制图形

图 5-75 出现的网格

（3）在工具属性栏 中设置参数为 4 和 7，效果如图 5-76 所示。网格是由节点构成的，可以对节点和网格进行编辑，单击选中如图 5-77 所示的节点。

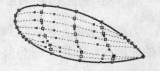

图 5-76 添加网格

图 5-77 选择的节点

（4）为选择的节点设置颜色（M45），效果如图 5-78 所示。

（5）选择其他的节点，并设置不同的颜色；再选择并移动节点，扭曲颜色填充的方向；

效果如图 5-79 所示。

图 5-78 为节点设置颜色   图 5-79 设置颜色后的效果

 单击 ![]可以增加节点（双击也可以），单击 ![]可以删除节点，如果要清除网状效果可以单击 ![]按钮。

（6）去除花瓣图形的轮廓线，效果如图 5-80 所示。

（7）选取花瓣图形，按 Ctrl＋C 快捷键复制，再按 Ctrl＋V 快捷键粘贴图形。选择花瓣图形，然后双击，这时旋转和倾斜手柄会显示为双箭头，并显示中心标记，拖动中心标记可指定旋转中心，如图 5-81 所示。

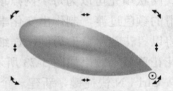

图 5-80 鼠标光标放置的位置   图 5-81 指定旋转中心

（8）将鼠标光标移动到旋转控制手柄 ![] 上，按住 Ctrl 键，按下鼠标左键，拖动鼠标旋转图形，释放鼠标后，图形旋转了 30°，效果如图 5-82 所示。连续按 10 次 Ctrl＋D 快捷键，连续绘制花瓣图形，效果如图 5-83 所示。

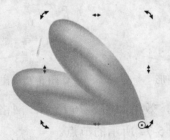

图 5-82 旋转花瓣图形   图 5-83 连续绘制花瓣图形

（9）选择"椭圆形工具" ![]，绘制一个椭圆形。为椭圆形填充从黄色到橙色的线性渐变色，选项及参数设置，如图 5-84 所示。去除图形的轮廓线，效果如图 5-85 所示。按 Ctrl＋G 快捷键群组花瓣和花心。

（10）选择"艺术笔工具" ![]，并单击属性栏中的"喷涂"按钮 ![]，在属性栏的"喷射图样"下拉列表 ![] 中选择一种图形，在页面中拖动鼠标，喷绘出所要的图形效果，如图 5-86 所示。

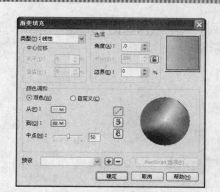

图 5-84　设置"渐变填充"参数

图 5-85　椭圆形填充线性渐变

（11）复制、缩放花朵图案，效果如图 5-87 所示。

图 5-86　喷绘的图形效果

图 5-87　复制、缩放花朵图案

5.9　实例："福到"（图样填充、底纹填充、PostScript 填充）

底纹填充可以为图形添加看起来像云彩、水、矿石、苔藓等的底纹图案，CorelDRAW 提供了几百种预先生成的底纹样式，每种样式又都有不同的选项供选择，可以产生丰富的底纹效果。

图样填充是将图案以平铺的方式填充到图形中，用户可以创建简单的双色图样，也可以导入位图或矢量图作为图样填充。

PostScript 填充是利用 PostScript 语言设计出的一种特殊的图案填充，只有在"增强"视图模式下，PostScript 填充的底纹才能显示出来。

下面将以"福到"为例，详细讲解底纹填充的方法和技巧。绘制完成的"福到"效果如图 5-88 所示，"福"字倒贴，寓意"福到"。

1．底纹填充

（1）按 Ctrl＋N 快捷键，新建一个图形文件。

（2）选择"多边形工具" ⬡，在"点数或边数"输入框 ◇ 4 ⬍ 中输入数值 4，按住 Ctrl 键绘制一个菱形。

（3）选取菱形，去除菱形轮廓线，选择"交互式填充工具" ⬧，在属性栏中选择"底纹填充"填充类型，如图 5-89 所示。单击"填充下拉式"图标 ■▾，在弹出的"底纹填充"下拉列表中单击"其他"按钮，弹出"底纹填充"对话框，在"底纹填充"对话框的"底纹库"下拉列表框中选择"样式"，在"底纹列表"下拉列表框中选择"双色丝带"样式，第 1 色为橙色，第 2 色为红色，如图 5-90 所示。

图 5-88　福到　　　　　　　　　　图 5-89　"交互式填充工具"属性栏

 在"底纹填充"对话框中，单击"选项"按钮，弹出"底纹选项"对话框，如图 5-91 所示，在"位图分辨率"选项中可以设置位图分辨率的大小。在"底纹尺寸限度"设置区中可以设置"最大平铺宽度"的大小。

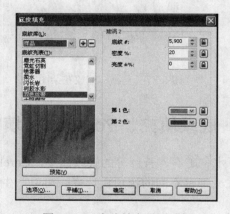

图 5-90　"底纹填充"对话框　　　　　图 5-91　"底纹选项"对话框

 选择"填充工具" ，弹出"填充工具" 的展开工具栏，选择"底纹填充"选项，也可弹出"底纹填充"对话框。底纹填充会增加文件的大小，并使操作的时间增长，在对大型的图形对象使用底纹填充时要慎重。

（4）拖动填充控制线，移动底纹填充中心点的位置，如图 5-92 所示。

2．图样填充

（1）选取菱形，按两次数字键盘上的"＋"键，原位置复制两个菱形。然后按住 Shift 键，等比例缩小菱形。选取大小两个菱形，单击属性栏中的"移除前面对象"按钮 ，生成一个新图形，新图形先填充黄色，如图 5-93 所示。

（2）选取新图形，选择"填充工具" ，弹出"填充工具" 的展开工具栏，选择"图样填充"选项，弹出"图样填充"对话框，选择"全色"填充选项，从图样列表框中选择一种全色图样，如图 5-94 所示。单击"确定"按钮，为新图形填充全色图样，效果如图 5-95 所示。

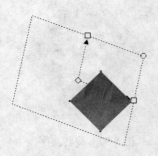

图 5-92　调整底纹填充

图 5-93　新图形

（3）选择"文本工具"字，在页面中单击，然后输入"福"文字，选择"选择工具"，在属性栏中设置字体为"汉仪行楷简"，为文字填充黄色，如图 5-96 所示。

图 5-94　"图样填充"对话框

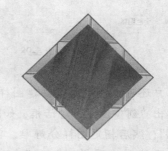

图 5-95　为图形填充图样的效果

- 选择"双色"填充选项，然后从图样列表框中选择所要的双色图样。设置"前部"与"后部"的颜色；在"原点"选项区域中设置图案第一个平铺的坐标位置；在"大小"选项区域中设定图样的大小；在"变换"选项区域中设定倾斜或旋转的角度。

　　选择对象，然后在"图样填充"对话框中单击"创建"按钮，可以创建新图样或修改已有的双色图样。在对话框中单击"装入"按钮，可以载入图像以创建双色图样。

- 选择"全色"填充选项，然后从图样列表框中选择所要的全色图样。
- 选择"位图"填充选项，然后从图样列表框中选择所要的位图图样。

（4）选择文字，然后双击，将鼠标光标移动到旋转控制手柄 上，按住 Ctrl 键，按下鼠标左键，拖动鼠标旋转图形，释放鼠标，图形将被旋转 360°，调整文字的位置，效果如

图 5-97 所示。

图 5-96 设置字体、填充颜色   图 5-97 旋转文字

 选择"交互式填充工具" ，在属性栏中选择"全色图样"或"双色图样"或"位图图样"填充类型，单击"填充下拉式"图标 ，在弹出的"图样填充"下拉列表中选择图样填充的样式，如图 5-98 所示。 图标分别表示"小型拼接"、"中型拼接"、"大型拼接"。

图 5-98 "交互式填充工具"属性栏

 用户还可以使用命令创建图样填充，选择"工具"|"创建"|"图案填充"命令，弹出"创建图案"对话框，如图 5-99 所示，在"类型"组中选择"双色"或"全色"，然后指定图样分辨率，单击"确定"按钮，光标变为十字形，圈选一个图样区域创建图样，如图 5-100 所示。图样列表框中将显示新创建的图样，如图 5-101 所示。

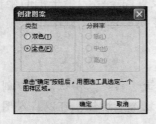

图 5-99 "创建图案"对话框   图 5-100 圈选图样区域

3. PostScript 填充

（1）选取需要底纹填充的对象，选择"填充工具" ，弹出"填充工具" 的展开工具栏，选择"PostScript 填充"选项，弹出"PostScript 底纹"对话框，如图 5-102 所示。

（2）在对话框列表中选择所需要的底纹名称，在"参数"选项中根据需要调整各种设置，使其达到所需的效果，选中"预览填充"复选框，预览当前设置的底纹。

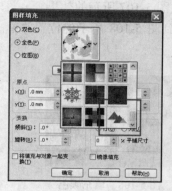

图 5-101　创建的图样填充

图 5-102　"PostScript 底纹"对话框

　　选择"交互式填充工具" ，在属性栏中选择"PostScript 填充"填充类型，单击"填充下拉式"图标 ，在弹出的"PostScript 填充"下拉列表中可选择 PostScript 填充的样式，如图 5-103 所示。

图 5-103　"交互式填充工具"属性栏

5.10　实例：矛盾空间（智能填充工具）

使用"智能填充工具" 可以自动识别多个图形重叠的交叉区域，并可在对其进行复制的同时进行颜色填充。

下面将以"矛盾空间"为例，详细讲解"智能填充工具" 的使用方法。绘制完成的"矛盾空间"效果如图 5-104 所示。

（1）按 Ctrl＋N 快捷键，新建一个文档。使用"矩形工具" 绘制一个矩形，并为其填充渐变颜色效果，如图 5-105 所示。

（2）导入配套资料\Chapter-05\素材\"立体文字.cdr"文件，如图 5-106 所示，将立体文字放在渐变色上面。

图 5-104　矛盾空间效果图

图 5-105　绘制矩形

图 5-106　素材"立体文字"

（3）选取图形，按下数字键盘上的"＋"键，复制图形。然后使用"选择工具" ![] 单击图形，按下键盘上的 Shift 键，将图形旋转并排列成图 5-107 所示的效果。

（4）选择"智能填充工具" ![]，然后将鼠标移动到图 5-108 所示的位置并单击鼠标，为图形填充淡橘色（M40，Y60）。

图 5-107　复制、移动图形　　　　　　　　图 5-108　填充颜色

（5）继续使用"智能填充工具" ![]为其他区域填充不同的颜色，如图 5-109 所示。

图 5-109　为其他区域填充不同颜色

（6）使用"文本工具" ![]在文档中输入文字"矛盾空间"，如图 5-110 所示。

（7）使用"智能填充工具" ![]，移动鼠标光标并为文字填充颜色，效果如图 5-111 所示。

图 5-110　输入文字　　　　　　　　　　图 5-111　填充颜色效果

 使用"智能填充工具" ![]对导入的手绘线稿进行上色，或进行标志设计，制作艺术文字等，填色十分方便，可大大节省时间，如图 5-112 所示。

图 5-112　为手绘线稿上色

5.11　实例：创建金属质感的文字特效（编辑渐变）

在 CorelDRAW X5 中，通过对渐变效果的设置，可以创建出金属质感特效，下面将以"创建金属质感的文字特效"为例，详细讲解如何通过创建渐变效果实现金属质感的制作，完成效果如图 5-113 所示。

（1）选择"文件"|"新建"命令，新建一个绘图文档，在属性栏中单击"横向"按钮 ，使绘制页面的方向为横向，然后双击工具箱中的"矩形工具" ，则自动依照绘图页面尺寸创建矩形。

（2）选择工具箱中的"填充工具" ，在弹出的工具展示条中选择"渐变填充"选项，打开"渐变填充"对话框，参照图 5-114 所示在其中进行设置，为矩形添加渐变效果，如图 5-115 所示。

图 5-113　完成效果图

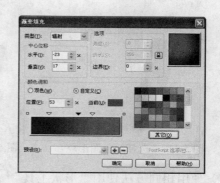

图 5-114　"渐变填充"对话框

（3）选择工具箱中的"贝塞尔工具" ，参照图 5-116 所示在绘图页面中绘制图形，并使用"形状工具" 调整图形形状。

图 5-115　渐变填充效果

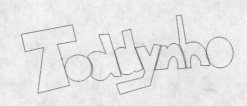

图 5-116　绘制图形

（4）选择绘制的曲线图形，为图形填充绿色（C100，Y100），然后取消轮廓线的填充，以方便接下来的绘制，如图 5-117 所示。

（5）选择绘制的所有图形，在拖动图形并向右上角移动的过程中右击鼠标，松开鼠标左键后将该图形复制，在属性栏中单击"群组"按钮 ，将复制的图形群组，并为其填充黄色（Y100），如图 5-118 所示。

图 5-117　为图形填充颜色　　　　　　　　图 5-118　复制图形

（6）选择工具箱中的"形状工具" <img>，在页面中单击"T"字样下面的绿色图形，在黄色图形和绿色图形的交叉点上双击，为其添加节点，并移动节点位置到黄色图形的直角处，如图 5-119～图 5-121 所示。

图 5-119　选择绿色图形　　　　图 5-120　添加节点　　　　图 5-121　移动节点

（7）使用相同方法使用"形状工具" <img>修饰图形中节点的位置，使其更真实地表现出图形的立体感，如图 5-122 所示。

（8）选择页面中群组的图形，选择工具箱中的"填充工具" <img>，在弹出的工具展示条中选择"渐变填充"选项，打开"渐变填充"对话框，参照图 5-123 所示在其中进行设置，为矩形添加渐变效果，如图 5-124 所示。

图 5-122　调整图形　　　　　　　　　图 5-123　"渐变填充"对话框

（9）使用步骤（8）相同的方法，为绿色图形填充渐变颜色，打开"渐变填充"对话框，在"类型"下拉列表中选择"线性"选项，并设置"角度"参数为-36，在"边界"参数栏中输入 14%，设置颜色从橘黄色（C7，M42，Y96）至白色再到橘黄色（C9，M38，Y96）的渐变填充，单击"确定"按钮完成渐变填充，如图 5-125 所示。

（10）选择"T"字样的线性填充图形，选择工具箱中的"调和工具"，在弹出的工具展示条中选择"阴影工具"，在"T"字样中心位置单击并拖动，为图形添加调和效果，然后在属性栏中设置参数，如图 5-126 所示。

图 5-124　渐变填充效果 1　　　　　　　图 5-125　　渐变填充效果 2

（11）使用步骤（10）相同的方法，为页面上线性填充的图形添加阴影效果，如图 5-127 所示。

（12）选择工具箱中的"椭圆形工具"，在页面中绘制椭圆形，如图 5-128 所示，并分别在调色板上单击红色色块和黑色色块，为其填充颜色，选择绘制的椭圆形，取消轮廓线的颜色填充，完成本实例的制作。

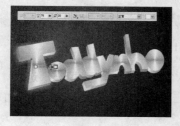

图 5-126　添加阴影效果 1　　　图 5-127　添加阴影效果 2　　　图 5-128　绘制图形并填充颜色

5.12　实例：时装店的 POP 广告（应用渐变效果）

使用渐变效果不仅可以制作出一些特效，并且可以使一些图形表现出立体感与真实感，使画面更为生动。

下面将以"时装店的 POP 广告"为例，继续讲解渐变效果的运用，制作完成的效果如图 5-129 所示。

1. 创建背景和主体图形

（1）执行"文件"|"新建"命令，新建一个绘图文档，在属性栏中单击"横向"按钮，使绘制页面的方向为横向。

（2）在工具箱中双击"矩形工具"，自动依照绘图页面尺寸创建矩形，选择"填充工具"，在弹出的工具展示栏中选择"图样"选项，打开"图样填充"对话框，设置参数如图 5-130 所示，单击"确定"按钮完成图样填充，效果如图 5-131 所示。

图 5-129   效果图   图 5-130   "图样填充"对话框

（3）选择工具箱中的"手绘工具" ，在弹出的工具展示条中选择"贝塞尔工具" ，在页面中绘制曲线图形，如图 5-132 所示，为方便读者查阅，填充轮廓线为橘红色。

图 5-131   图样填充效果   图 5-132   绘制曲线

（4）选择工具箱中的"填充工具" ，在弹出的工具展示条中选择"渐变填充"选项，打开"渐变填充"对话框，参照图 5-133 所示设置参数，单击"确定"按钮，为图形添加渐变填充效果，并取消轮廓线的填充，如图 5-134 所示。

图 5-133   "渐变填充"对话框   图 5-134   为图形添加渐变填充效果

（5）新建"图层 2"，使用"贝塞尔工具" 在页面左上角绘制曲线图形，选择"填充工具" ，在弹出的工具展示条中选择"渐变填充"选项，参照图 5-135 所示在打开的"渐变填充"对话框中设置参数，单击"确定"按钮完成渐变填充，如图 5-136 所示。

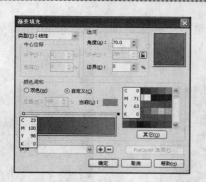

图 5-135　"渐变填充"对话框

图 5-136　为图形添加渐变填充效果

（6）使用"贝塞尔工具" 继续绘制曲线图形，并为图形填充深红色（C36，M100，Y98，K2），如图 5-137 所示。

（7）继续使用"贝塞尔工具" 在页面中绘制曲线图形，并参照图 5-138 所示为图形填充颜色，选择另一个曲线图形，选择工具箱中的"交互式填充工具" ，在弹出的工具展示栏中选择"网状填充工具" ，为图形进行网状填充，如图 5-139 所示。

图 5-137　继续绘制图形

图 5-138　绘制图形

图 5-139　对图形进行网状填充

（8）选择工具箱中的"贝塞尔工具" ，在页面中绘制曲线图形，然后参照图 5-140 所示效果为图形各部分填充颜色。

（9）选择工具箱中的"贝塞尔工具" ，在页面中绘制曲线图形，并使用"填充工具" 为图形填充颜色，效果如图 5-141～图 5-143 所示。

图 5-140　绘制图形并填充颜色

图 5-141　绘制眉毛图形

图 5-142　绘制眼睛图形

（10）接下来绘制眼镜图形，首先使用"贝塞尔工具" ，在左眼位置绘制曲线图形，如图 5-144 所示，选择绘制的曲线，在属性栏中单击"移除前面对象"按钮修剪图形，然后为图形填充深褐色（C54，M98，Y96，K12），如图 5-145 所示。

图 5-143　绘制鼻部和嘴部图形

图 5-144　绘制图形

图 5-145　修剪图形

（11）使用"贝塞尔工具"继续在眼镜框上绘制曲线图形，为图形填充红色（C8，M92，Y90）和白色，然后使用"透明度工具"为绘制的图形添加透明效果，如图 5-146、图 5-147 所示。

（12）使用"贝塞尔工具"绘制右眼镜框，然后使用"贝塞尔工具"在眼镜框中间位置绘制曲线图形，并为图形填充深褐色（C8，M92，Y90），如图 5-148 所示。

图 5-146　绘制图形

图 5-147　创建透明效果

图 5-148　继续绘制图形

（13）选择绘制的所有曲线图形，按快捷键 Ctrl＋G 将图形群组，使用"贝塞尔工具"在绘图页面中绘制图形，然后为图形别设置不同的颜色，并群组图形，如图 5-149～图 5-151 所示。

图 5-149　绘制上半身图形

图 5-150　绘制描边图形

图 5-151　勾勒臂部轮廓

（14）选择工具箱中的"贝塞尔工具" 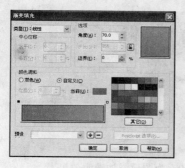，在页面中绘制曲线图形，并利用工具箱中的"填充工具" 为图形填充渐变效果，如图 5-152～图 5-154 所示。

图 5-152　"渐变填充"对话框　　图 5-153　渐变填充效果　　图 5-154　继续绘制图形并添加渐变

（15）选择渐变填充的图形，单击工具箱中的"调和工具" ，在弹出的工具展示条中选择"透明度工具" ，为绘制的图形添加透明效果，如图 5-155 所示。

（16）选择工具箱中的"贝塞尔工具" ，在页面中绘制曲线图形，然后利用工具箱中的"填充工具" 为图形填充颜色，并取消轮廓线的填充，效果如图 5-156 所示。

图 5-155　为图形添加透明效果　　　　　图 5-156　绘制图形

（17）使用"贝塞尔工具" 继续绘制曲线图形，使用"填充工具" 为图形填充渐变颜色效果，如图 5-157～图 5-159 所示。

图 5-157　"渐变填充"对话框　　　　　图 5-158　渐变填充效果

（18）选择渐变填充的图形，使用工具箱中的"透明度工具" 🔲为图形添加透明效果，如图 5-160 所示。

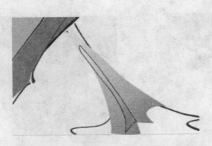

图 5-159　继续绘制图形并填充渐变　　　　　图 5-160　为图形添加透明效果

2. 添加文字元素

（1）使用"贝塞尔工具" 🖊参照图 5-161 所示绘制"全"字样的曲线图形，然后使用"形状工具" 📐调整图形形状，效果如图 5-162 所示。

（2）选择绘制的曲线图形，单击属性栏中的"合并"按钮 🔲，将图形合并在一起，如图 5-163 所示。然后继续使用"形状工具" 📐选择图形中部分节点，按键盘上的 Delete 键进行删除，得到如图 5-164 所示效果。

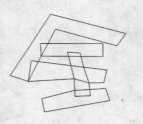

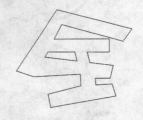

图 5-161　绘制"全"文字图形　　　图 5-162　调整图形　　　图 5-163　修剪图形

（3）接下来为图形设置颜色，首先在右侧调色板上单击黑色色块，为图形填充黑色，再在右侧调色板上右击红色色块，为图形轮廓线填充红色，然后在属性栏中的"轮廓宽度"文本框中输入 0.5mm，效果如图 5-165 所示。

（4）使用"贝塞尔工具" 🖊参照图 5-166 所示绘制"场"字样曲线图形，并利用工具箱中的"形状工具" 📐调整图形形状，效果如图 5-167 所示。

图 5-164　删除节点　　　　图 5-165　填充颜色　　　图 5-166　绘制"场"文字图形

（5）选择绘制的曲线图形，在属性栏中单击"合并"按钮，将图形合并在一起，然后为图形填充颜色，并在属性栏中更改"轮廓宽度"为 0.5mm，如图 5-168、图 5-169 所示。

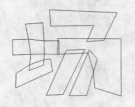

图 5-167　调整图形

图 5-168　合并图形

图 5-169　为图形填充颜色

（6）使用"贝塞尔工具"在页面中绘制图形，填充颜色为香蕉黄（C15，M16，Y71），轮廓线颜色设置为红色，然后在属性栏中更改"轮廓宽度"为 0.5mm，效果如图 5-170 所示。

（7）使用"贝塞尔工具"依照"全场"图形边缘绘制曲线图形，填充白色，然后使用"透明度工具"为图形添加透明效果，并调整图形的层次顺序，如图 5-171～图 5-173 所示。

图 5-170　绘制图形

图 5-171　绘制图形

（8）使用"贝塞尔工具"在页面右下角继续绘制曲线图形，如图 5-174 所示，然后为图形填充黄色（C22，M22，Y49）、红色和白色，并取消轮廓线的填充，效果如图 5-175 所示。

图 5-172　创建透明效果

图 5-173　调整图形的位置

（9）使用"贝塞尔工具"在页面中绘制如图 5-176 所示的曲线图形，为图形填充红色，如图 5-177 所示，然后按下小键盘上"＋"键，将该图形复制并填充白色，再调整图形的大小与位置，效果如图 5-178 所示。

图 5-174　绘制图形　　　　图 5-175　为图形填充颜色　　　　图 5-176　绘制图形

（10）选择工具箱中的"文本工具"字，在绘图页面中输入文字信息，如图 5-179 所示。

图 5-177　填充颜色　　　　图 5-178　复制图形　　　　图 5-179　输入文字

（11）使用"贝塞尔工具"在文字边缘位置绘制曲线图形，填充橘黄色（C1，M51，Y95），并取消轮廓线的填充，如图 5-180、图 5-181 所示，然后使用相同的方法在文字下面绘制曲线图形，如图 5-182 所示。

图 5-180　绘制图形　　　　图 5-181　为图形填充颜色　　　　图 5-182　继续绘制曲线图形

（12）使用"矩形工具"绘制矩形，在属性栏中"对象大小"文本框中输入 1.5mm、86mm，按 Enter 键确认，然后为矩形填充褐色（C36，M73，Y78，K1），如图 5-183 所示。

（13）单击工具箱中的"调和工具"，在弹出的工具展示条中选择"阴影工具"，这时鼠标发生变化，单击矩形并拖动鼠标为矩形添加阴影效果，然后在属性栏中设置参数，对阴影效果进行调整，如图 5-184 所示。

图 5-183　绘制矩形　　　　　　　　　图 5-184　为图形添加阴影效果

（14）使用"矩形工具" 绘制矩形，填充褐色（C36，M73，Y78，K1），并为其添加阴影效果，如图 5-185 所示，然后单击工具箱中的"基本形状工具" ，在弹出的工具展示条中选择"箭头形状" ，参照图 5-186 所示在页面中绘制红色的箭头图形。

（15）选择工具箱中的"文本工具" ，在绘图页面中分别输入"完"、"美"、"主"、"义"文字信息，选择页面中"主"字样，选择"排列"|"转换为曲线"命令，将文本的"主"字转换为曲线图形，然后利用"形状工具" 调整图形形状，如图 5-187、图 5-188 所示。

图 5-185　绘制矩形并添加阴影效果　　图 5-186　绘制箭头图形　　　图 5-187　创建文本

（16）选择页面中"完"、"美"、"主"、"义"字样，按下小键盘上"＋"键，复制图形，然后为图形填充黑色，并调整图形位置，如图 5-189 所示。

（17）使用工具箱中的"文本工具" 在页面中添加文字信息，完成该作品的绘制，如图 5-190 所示。

图 5-188　修饰文字图形　　　　图 5-189　复制并调整图形　　　图 5-190　添加文字信息

5.13 实例：封面设计（使用网状填充制作底纹）

利用网状填充效果可以创建出柔和、自然的颜色过渡效果，在本课前面的内容中已对相关工具的使用方法有所介绍，在本节中将加以具体的展示。

下面将以"封面设计"为例，讲解如何进行网状填充，制作完成的效果如图 5-191 所示。

（1）新建一个纸张宽度为 390mm，高度为 266mm 的文档，在属性栏中单击"选项"按钮 ，打开"选项"对话框，参照图 5-192、图 5-193 所示在该对话框中进行设置，单击"确定"按钮后，完成参考线的创建。

图 5-191 完成效果图

图 5-192 设置水平参考线

（2）然后双击工具箱中的"矩形工具" ▣，创建与视图大小相同的矩形，然后调整其大小为原来的一半，并为其填充草绿色（C29，M3，Y73），如图 5-194 所示。

图 5-193 设置垂直参考线

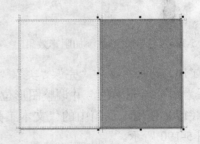

图 5-194 添加矩形图形

（3）保持矩形图形为选中状态，在工具箱中选择"网状填充工具" ▦，矩形中自动生成网状网格，如图 5-195 所示。

（4）使用"网状填充工具" ▦ 对网格的位置和颜色进行调整，丰富图形中的颜色变化，效果如图 5-196 所示。读者可打开配套资料中的实例完成效果图查看具体的颜色设置。

（5）按下键盘上的 Ctrl＋C 和 Ctrl＋V 快捷键，将矩形复制并粘贴在当前视图中。单击并向左拖动矩形右侧中间的控制柄，将矩形水平翻转，并覆盖封面的封底部分，效果如图 5-197 所示。

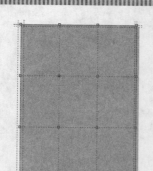
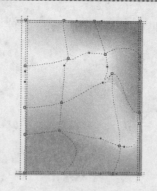

图 5-195　选择"网状填充工具"后的图形状态　　　图 5-196　设置颜色变化

（6）将"图层 1"锁定，新建"图层 2"。选中工具箱中的"椭圆形工具" 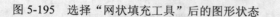，在封 1 的位置绘制正圆，为其填充绿色（C18，M4，Y34），并取消轮廓线的填充，如图 5-198 所示。

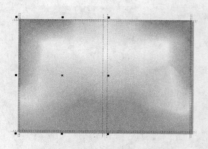
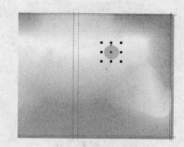

图 5-197　复制图形　　　　　　　　　　　图 5-198　绘制椭圆

（7）选择"位图"|"转换为位图"命令，打开"转换为位图"对话框，选中"透明背景"复选框，然后单击"确定"按钮，将正圆形转换为位图，如图 5-199 所示。

（8）选择"位图"|"模糊"|"高斯式模糊"命令，打开"高斯式模糊"对话框，参照图 5-200 所示设置参数，为位图添加模糊效果，如图 5-201 所示。

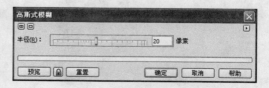

图 5-199　"转换为位图"对话框　　　　　图 5-200　"高斯式模糊"对话框

（9）继续使用"椭圆形工具" 在绿色的图形上绘制白色的正圆，如图 5-202 所示，选择工具箱中的"透明度工具" ，在属性栏中设置透明类型为"标准"，并降低图形的透明度，效果如图 5-203 所示。

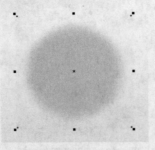

图 5-201 添加模糊效果

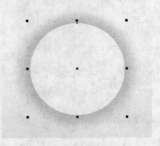

图 5-202 绘制圆形

（10）将绘制的圆形图形复制多次，使用"选择工具" 调整图形的位置和大小，如图 5-204 所示。

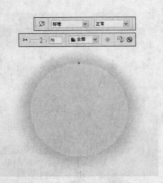

图 5-203 为圆形添加透明效果

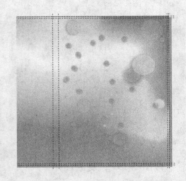

图 5-204 添加更多的圆形图形

（11）接下来在封 1 的顶部添加一些树枝图形作为装饰，如图 5-205 所示。使用"贝塞尔工具" 绘制出树枝、树叶图形，并使用"透明度工具" 为个别图形添加透明效果。

（12）将步骤（11）中绘制的树枝图形复制，适当缩小后放在封 1 中间偏下的位置，如图 5-206 所示。

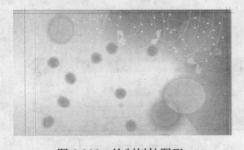

图 5-205 绘制树枝图形

图 5-206 复制树枝图形

（13）参考步骤（6）～（8）的操作方法，绘制带模糊效果的嫩绿色（C31，M6，Y91）椭圆图形，作为一小块绿地，效果如图 5-207 所示。

（14）使用"椭圆形工具"○继续绘制椭圆，如图 5-208 所示，然后使用"透明度工具"⚄为其添加透明渐变效果，如图 5-209 所示。

图 5-207　绘制椭圆并转换为位图

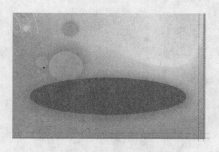

图 5-208　添加椭圆图形

（15）接下来使用"贝塞尔工具"⟍绘制出绿地上的花朵和小草图形，效果如图 5-210所示，然后参照图 5-211 所示调整图形的大小和在页面中的位置。

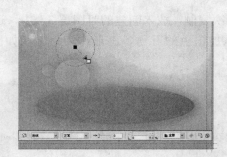

图 5-209　添加透明渐变效果

图 5-210　绘制花朵和小草

（16）在绿地图形上添加站牌图形，如图 5-212 所示，在站牌的顶部绘制一个简单的汽车图形和英文 BUS，填充颜色为橙色（C2，M59，Y90）。

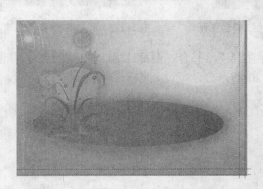

图 5-211　调整图形的大小和位置

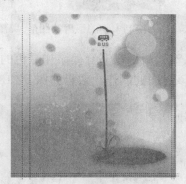

图 5-212　绘制站牌

（17）将先前绘制的图形锁定，使用"贝塞尔工具"⟍绘制出封 1 中主体人物的大致轮廓，效果如图 5-213 所示。

（18）使用"贝塞尔工具" 绘制人物的眼睛、嘴巴，以及腮红，并将腮红图形转化为位图，为其添加模糊效果，如图 5-214 所示。

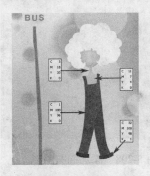

图 5-213 绘制人物图形　　　　　　　　图 5-214 绘制人物腮红等的效果

（19）继续绘制出人物的手臂、腿和脚等图形，如图 5-215 所示，然后为其添加一个可爱的小拎包图形，效果如图 5-216 所示。

（20）将步骤（11）中绘制的树枝图形再次复制，放入新建的"图层 3"中，适当放大并安排在视图的底侧。然后在试图的上侧添加白色的五角星图形作为点缀，如图 5-217 所示。

图 5-215 绘制人物的手臂等图形　　图 5-216 绘制拎包图形　　图 5-217 绘制装饰图形

（21）最后在书脊处添加绿色的矩形，并在封 1、书脊、封底上添加相关的文字信息，完成该封面的制作，效果如图 5-218～图 5-220 所示。

图 5-218 绘制装饰图形　　图 5-219 添加文字信息　　图 5-220 完成文字和图形的添加

课后练习

1. 绘制图形，效果如图 5-221 所示。

要求：

（1）使用基本图形绘制工具和"贝塞尔工具" 绘制图形。

（2）按照效果图所示填充图形各部分的颜色。

2. 制作带有图样的信纸，效果如图 5-222 所示。

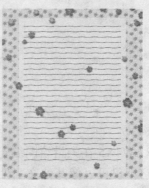

图 5-221　效果图 1　　　　　　　图 5-222　效果图 2

要求：

（1）使用"基本形状"工具 绘制花朵图形。

（2）为图形填充双色图样。

（3）使用"文本工具" 添加文字。

第 6 课

文本处理

本课知识结构

CorelDRAW X5 在矢量绘图编辑方面有很强的能力，但它同时也具有丰富的文本编辑功能，使用它不仅可以像其他文字处理软件一样对大量的文字进行排版，还可以充分利用 CorelDRAW X5 中强大的图形处理能力来修改和编辑文本。本章将学习处理文本的方法和技巧，以及创建各种文本效果的方法。

就业达标要求

☆　添加文本　　　　　　　　☆　设置制表位
☆　设置文本的属性　　　　　☆　使文本适合路径
☆　段落设置　　　　　　　　☆　文本转换为曲线
☆　段落文本的链接　　　　　☆　使用字符和符号
☆　使用"形状工具"编辑文本　☆　文本和图形样式
☆　内置文本

6.1　实例：贺卡设计（添加文本）

在 CorelDRAW 中，文本被分类为"段落文本"和"美术字文本"两种类型。在 CorelDRAW X5 中，可以使用多种方式添加文本，处理方式也非常简便快捷。

下面将以"贺卡设计"为例，详细讲解添加文本的方法。制作完成的"贺卡设计"效果如图 6-1 所示。

（1）选择"文件"|"新建"命令，新建一个文档，选择工具箱中的"矩形工具" ▢ 绘制一个与页面大小相同的矩形，为其填充红色（C27，M100，Y100），并调整其与页面中心对齐，如图 6-2 所示。

（2）使用"贝塞尔工具" ▨ 绘制图形，并填充金色（C33，M41，Y67），如图 6-3

所示。

图 6-1　效果图

图 6-2　绘制矩形并填充红色

（3）选择"文件"│"导入"命令，导入配套资料\Chapter-06\素材\"玉如意.cdr"文件，放置在文档下方，如图 6-4 所示。

（4）选择"文本工具"字在页面中单击鼠标，出现插入文本光标，输入文字"福禄双全"，创建"美术字文本"，如图 6-5 所示（美术字文本与图形对象一样，可以使用立体化、调和、封套、透镜、阴影等特殊效果）。

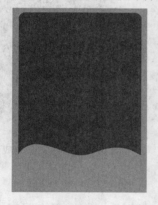

图 6-3　绘制图形并填充金色

图 6-4　导入素材

图 6-5　输入文字

（5）选择"文本工具"字在"禄"字上拖选，在"字体列表"选择"汉仪行楷简"，"字号大小"选择"200"，然后用同样方法选择"福双全"三字，将"字号大小"设为"48"如图 6-6 所示。

（6）使用"椭圆形工具"绘制圆形，填充金色（C33，M41，Y67），放于"福"字下面，使用同样方法，复制正圆形分别放置在"双""全"二字下面，如图 6-7 所示。

（7）使用"文本工具"字在页面中按下鼠标左键拖动，此时将出现一个文本框，拖动文本框到适当大小后释放鼠标左键，形成矩形的范围框，并出现插入文本光标，输入文字，创建"段落文本"，段落文本具有段落的格式，如图 6-8 所示。

（8）选择"文本工具"字在"如意"等字上拖选，在"字体列表"选择"汉仪大宋简"，

"字号大小"选择"48",然后用同样方法选择其他字,将"字号大小"选为"36",并为文字填充金色,如图 6-9 所示。

图 6-6 更改字体类型和字号大小   图 6-7 绘制圆形并填充颜色

（9）将"美术字"福禄双全,放于"段落文本"上方,然后使用"文本工具" 字 输入竖排文字"2011",完成"贺卡设计"的制作,如图 6-10 所示。

图 6-8 段落文本   图 6-9 调整文字大小并填充颜色   图 6-10 输入文字完成制作

6.2 实例：海报（设置文本的字符属性）

文本的字符属性对于文字来讲,就像是图形的填充颜色一样重要,属性的设置会使文字产生美观的形象,变得生动起来。文本的属性设置包括很多方面,例如文字的字体、大小、字体样式以及其他字符属性等,文本属性决定了文本的外观。

下面将以"海报"为例,详细讲解文本的属性设置,制作完成的"海报"效果如图 6-11 所示。

（1）选择"文件"|"打开"命令,或按 Ctrl+O 快捷键,或者在标准工具栏上单击"打开"按钮 ,打开配套资料\Chapter-06\素材\"海报素材.cdr"文件,如图 6-12 所示。

（2）选择"文本工具" 字 在绘图页面中单击鼠标,出现插入文本光标,输入"挑战"文字。选择"选择工具" ,选取创建的文本对象,其属性栏如图 6-13 所示。

图 6-11 海报

图 6-12 素材文件

图 6-13 "文本工具"的属性栏

（3）在属性栏"字体列表" ![汉仪综艺体简] 中可以设置文本字体为"汉仪综艺体简"，如图 6-14 所示。

（4）在属性栏"文字大小" ![100 pt] 中选择文本大小，也可以在输入框中直接输入数值，数值越大，文字也就越大，反之越小，如图 6-15 所示。

图 6-14 设置文字字体

图 6-15 设置文字大小

（5）选取文本对象，在调色板中单击黄色，可以为选取的文本填充颜色，如图 6-16 所示。

（6）选择"选择工具" ，选取创建的美术字文本对象，对象周围出现控制点，用鼠标拖动控制点可以缩放文本大小。拖动对角线上的控制点可以按比例缩放美术字文本对象，如图 6-17 所示。

（7）属性栏中的 分别表示文本的"加粗"、"倾斜"、"加下画线"样式，效果如图 6-18 所示。

图 6-16 设置文字颜色

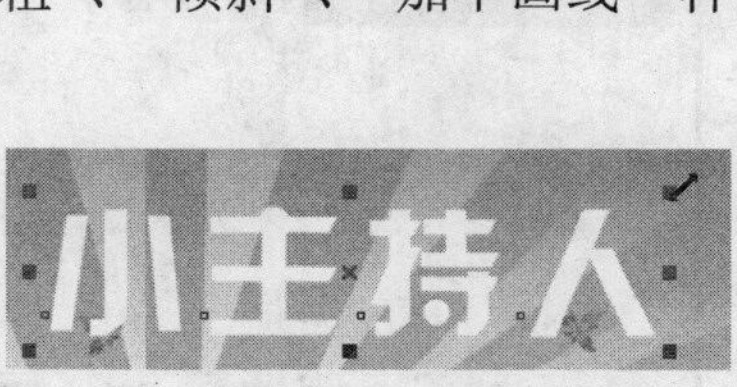

图 6-17 调整文字大小

（8）选择"文本工具" 在绘图页面中按下鼠标左键拖动，此时将出现一个文本框，释放鼠标左键，形成矩形的范围框，出现插入文本光标，输入段落文字"主办单位……"，如图 6-19 所示。设置文字字体和大小（14pt），如图 6-20 所示。

（9）选择"文本工具" ，在文本中单击，插入光标并按住鼠标左键不放，拖动鼠标可以选中需要的文本，如图 6-21 所示，在属性栏中重新选择字体"Arial"。

图 6-18　不同样式的文本对象　　　　图 6-19　输入段落文字

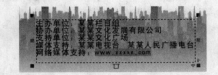

图 6-20　设置文字字体和大小　　　　图 6-21　选择文字

如果按住 Alt 键，同时拖动文本框任意一角的手柄来调整文本框的大小，文本的大小也随之变化，如图 6-22 所示。

图 6-22　调整文本框大小

（10）在属性栏中单击"编辑文本" 🔲 按钮，或按 Ctrl＋Shift＋T 快捷键，弹出"编辑文本"窗口，如图 6-23 所示。在"编辑文本"窗口中可以输入文字，并可以改变字体和大小等。

（11）单击属性栏上的"排列文本"按钮三⦚，可以设置文本的水平排列方式或垂直排列方式，效果如图 6-24 所示。

图 6-23　"编辑文本"窗口　　　　图 6-24　文本排列方式

（12）在属性栏中单击"字符格式化"按钮🅰，或按 Ctrl＋T 快捷键，弹出"字符格式化"对话框，在其中可以设置文本的字体、大小、字距、上标、下标以及其他字符属性，如图 6-25 所示。

（13）上标和下标文字、不同的字距文字效果如图 6-26 所示。

图 6-25　"字符格式化"对话框

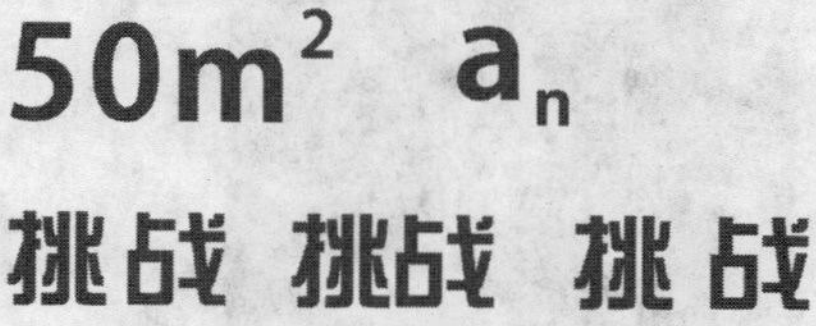

$50m^2$　a_n

挑战　挑战　挑 战

图 6-26　上标和下标文字、不同字距的文字效果

（14）复制文字对象，并设置复制文本对象的轮廓色和宽度，如图 6-27 所示。

挑战 小主持人

图 6-27　编辑文本对象轮廓线

　使用鼠标右键将一个文本对象拖动到另一个文本对象上，鼠标光标变为图标，松开鼠标右键，弹出快捷菜单，选择"复制所有属性"命令，可以快速地复制文本对象的属性，效果如图 6-28 所示。

图 6-28　复制文本属性

6.3　实例：宣传单页（设置文本的段落属性）

段落是位于一个段落回车符前的所有相邻的文本。段落格式是指为段落在页面上定义的外观格式，包括对齐方式、段落缩进、段落间距等。为文本设置段落属性，会增强文本的整体感与秩序感，文本也会更加完整。

下面将以"宣传单页"为例，详细讲解文本段落属性的设置，制作完成的"宣传单页"效果如图 6-29 所示。

（1）选择"文件"|"打开"命令，打开配套资料\Chapter-06\素材\"宣传单页素材.cdr"文件，如图 6-30 所示。

（2）选择"文件"|"导入"命令，或按 Ctrl＋I 快捷键，弹出"导入"对话框，选择"茶雕文字.doc"文件，单击"导入"按钮，在页面上会出现"导入/粘贴文本"对话框，选择

◎摒弃字体和格式(D)导入方式，单出"确定"按钮，然后在页面中单击以导入文字，如图 6-31 所示。

图 6-29　宣传单页　　　　　　　　　　　　　图 6-30　素材文件

（3）当文字太多，文本框装不下的时候，会在文本框的下面显示▼符号，可以通过拖动控制点来调整文本框的大小。

　选择"工具"|"选项"命令，在类别列表中双击"段落"，勾选"按文本缩放段落文本框"选项，如图 6-32 所示，可以按文本调节文本框的大小。

图 6-31　导入文字

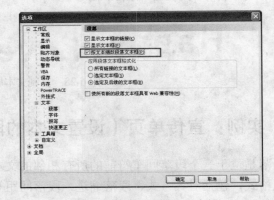

图 6-32　按文本缩放段落文本框

（4）选择"文本工具"字，在文本中的任意位置插入光标，按 Ctrl＋A 快捷键，可以将整段文本选中。单击属性栏上的"文本对齐"按钮，弹出其下拉列表，共有 6 种对齐方式，如图 6-33 所示，此处段落文字设置为"左对齐"，效果如图 6-34 所示。

　如果是对一个段落进行操作，只需将光标插入该段即可；如果设定的是连续的多个段落，就必须将所要设定的所有段落全部选取。

（5）将文字光标置入段落文本中，按 Ctrl＋A 组合键全选文字，设置字体为"方正隶变简体"，文字大小为 9pt。

（6）选择"文本工具"字，拖动鼠标选中文本，设置标题文字字体为"方正黑体简体"，如图 6-34 所示。

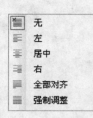
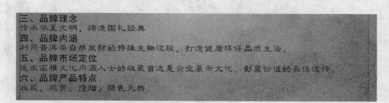

图 6-33　段落文本对齐方式　　　　　　图 6-34　设置文字字体和字号

（7）选择"文本工具"字，将文字光标置入段落文本中，按 Ctrl＋A 组合键全选文字，选择"文本"|"段落格式化"命令，弹出"段落格式化"对话框，设置段落文本的行距为 12pt，如图 6-35 所示。

（8）选择"文本工具"字，将文字光标置入段落文本标题段落中，在"段落格式化"对话框中设置段落文本的段落间距，将段前间距设置为 20pt，如图 6-36 所示。段落文字设置的效果如图 6-37 所示。

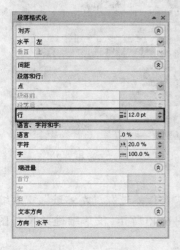
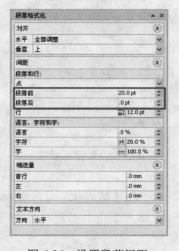

图 6-35　设置行距　　　　　　　　　　图 6-36　设置段落间距

段落间距是指设定所选段落与前一段或后一段之间的距离，实际段落间的距离是前段的段后距离加上后段的段前距离。

（9）选择"文本工具"字，将文字插入光标置入段落文本中，按 Ctrl＋A 组合键全选文字，在"段落格式化"对话框中设置段落文本的首行缩进为 7mm，如图 6-38、图 6-39

所示。段落缩进是指从文本对象的左、右边缘向内移动文本，其中首行缩进只应用于段落的首行。

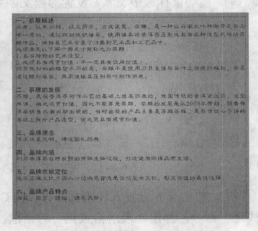

图 6-37　段落文字效果（1）

图 6-38　设置段落缩进

图 6-39　段落文字效果（2）

 在"段落格式化"对话框中可以调整段落的"首行缩进"、"左缩进"、"右缩进"。在标尺上拖动缩进标记也可以设置缩进，如图 6-40 所示，段落缩进效果如图 6-41 所示。

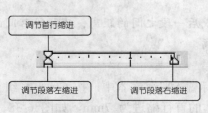

图 6-40　设置段落缩进

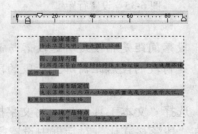

图 6-41　段落缩进效果

6.4　实例：画册设计（段落设置）

在许多报刊杂志中，分栏排版是比较常见的一种方式，由于这种形式十分便于阅读，所以当段落文本包含大量的文档时，可以对段落文本使用分栏格式。

CorelDRAW X5 中的文本绕图功能可以使设计制作的出版物更加生动美观，用户可以利用该功能对文本和图形进行编辑。

在创建文本框的时候，可以将它嵌入其他图形中，形成各种形状的图文框。

首字下沉在报纸或杂志中经常能够看到，具体是指将段落的第一个字放大几倍并跨行显示。

在段落之间加上项目符号或编码，可以使段落显示得更加条理清楚，一目了然。用户可以为段落应用此格式，以增强文本的条理性。

下面将以"画册设计"为例，详细讲解段落分栏和文本绕图的设置。设计制作完成的"画册设计"效果如图 6-42 所示。

1．段落分栏

（1）选择"文件"|"打开"命令，打开配套资料\Chapter-06\素材\"画册设计素材.cdr"文件，如图 6-43 所示。

 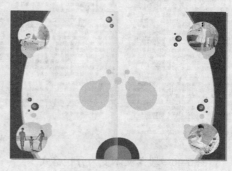

图 6-42　画册设计　　　　　　　　　图 6-43　素材文件

（2）在页面中创建一个段落文本，如图 6-44 所示。

（3）选择"文本工具"字，将文字光标置入段落文本中，选择"文本"|"栏"命令，打开"栏设置"对话框，如图 6-45 所示。在"栏数"输入框中输入数值，如"2"，输入栏宽和中缝宽度。

（4）单击"确定"按钮，段落文本将变成分栏的格式，如图 6-46 所示。

2．文本绕图

（1）在图形上单击鼠标右键，在弹出的菜单中选择"段落文本换行"命令，文本绕图效果如图 6-47 所示。

（2）在属性栏中单击"段落文本换行"按钮，在弹出的下拉菜单中可以设置换行样式，其中"轮廓图"是指段落文字沿着对象的外形轮廓排列，"正方形"是指将对象看成一个方形，文字沿着方形编排。在"文本换行偏移"选项的数值框中可以设置偏移距离，如图 6-48 所示。

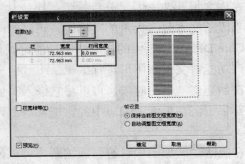

图 6-44　创建段落文本　　　　　　　　图 6-45　"栏设置"对话框

（3）选择"窗口"|"泊坞窗"|"属性"命令，在弹出的"对象属性"泊坞窗中单击"常规"□按钮，在其设置区域的"段落文本换行"下拉列表中，也可以设置段落文本环绕图形的样式，如图 6-49 所示。

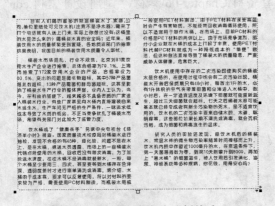

图 6-46　段落文本变为分栏格式　　　　　图 6-47　文本绕图效果

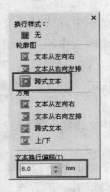

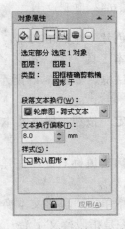

图 6-48　文本绕图的设置　　　　　　　　图 6-49　"对象属性"泊坞窗

3．图文框

（1）选择"选择工具" 选中要让文本框嵌入的矩形对象。

（2）单击属性栏上的"转换为曲线"按钮，或按 Ctrl＋Q 快捷键，将椭圆形转换为曲线。

（3）选择"形状工具"，在曲线上双击，添加节点并将直线转换为曲线，调整曲线的形状，如图 6-50 所示。

（4）选择"文本工具"，按下 Shift 健，移动鼠标到矩形的轮廓处，当鼠标的形状变为时，单击鼠标确定，此时就会将文本框嵌入到多边形内，然后录入文本即可，效果如图 6-51 所示。

图 6-50　调整曲线形状

图 6-51　将文本框嵌入图形并录入文字

（5）选择"选择工具" 选择曲线图形，去除轮廓线，图文框将保持嵌入图形的形状，如图 6-52 所示。

　选择"选择工具"，单击图形的内部，可以选择对象和文本框，然后选择"排列"｜"拆分"命令，或按 Ctrl＋K 快捷键，即可将图文框与嵌合的图形分离。

（6）选择"文本工具"，将文字光标置入段落文本中，选择"文本"｜"栏"命令，打开"栏设置"对话框，在"栏数"输入框中输入数值，如"2"，输入栏间宽度为 8mm，如图 6-53 所示。

图 6-52　图文框保持嵌入图形形状

图 6-53　段落文本分栏

4. 首字下沉

（1）选择"文本工具" 字，将文字光标置入段落文本中。

（2）选择"文本"|"首字下沉"命令，弹出"首字下沉"对话框，如图 6-54 所示。在"下沉行数"输入框中输入下沉字符占用的文本行数，选中的文本即产生首字下沉的效果，如图 6-55 所示。勾选"首字下沉使用悬挂式缩进"选项，效果如图 6-56 所示。

（3）在属性栏上单击"首字下沉" 按钮，可以添加或移除首字下沉。

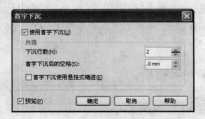

图 6-54 "首字下沉"对话框　　　　　　　　图 6-55 首字下沉的效果

5. 项目符号

（1）选择"文本工具" 字，将文字光标置入段落文本中，并按住鼠标左键不放，拖动鼠标可以选中需要的段落。

（2）选择"文本"|"项目符号"命令，弹出"项目符号"对话框，如图 6-57 所示。

图 6-56 首字下沉悬挂式缩进效果　　　　　　图 6-57 "项目符号"对话框

（3）在"字体"下拉框中设置字体样式，在"符号"下拉框中设置项目符号样式，在"大小"选项中设置符号的大小，效果如图 6-58 所示。

（4）勾选"首字下沉使用悬挂式缩进"选项，效果如图 6-59 所示。

✖ 水在加热的过程中，伴随着"咕咕"的沸腾现象，水中的氧气基本都挥发掉了（90℃时，氧气在水中的溶解度接近于零），国外把开水称为"死水"，不利于人体的新陈代谢。

✖ 人体所需要的多种矿物质和微量元素也变成了垢沉积壶底。

✖ 传统的"素沸法"烧开水，只能将水中的细菌杀死，而不能将水中的其它杂质除掉。同时，被杀死的细菌尸体腐烂后，形成败落晶（PYROGEN），饮用后仍会对人体产生不良作用。

✖ 水在加热的过程中，伴随着"咕咕"的沸腾现象，水中的氧气基本都挥发掉了（90℃时，氧气在水中的溶解度接近于零），国外把开水称为"死水"，不利于人体的新陈代谢。

✖ 人体所需要的多种矿物质和微量元素也变成了垢沉积壶底。

✖ 传统的"素沸法"烧开水，只能将水中的细菌杀死，而不能将水中的其它杂质除掉。同时，被杀死的细菌尸体腐烂后，形成败落晶（PYROGEN），饮用后仍会对人体产生不良作用。

图 6-58 添加项目符号的效果　　　　　　图 6-59 项目符号悬挂式缩进效果

（5）在属性栏上单击"项目符号列表" 按钮，可以添加或移除项目符号格式。

6.5 实例：杂志设计（段落文本的连接）

由于出版物版面的限制，在一个文本框中经常无法完全显示需要呈现的文本，当出现此类问题时，可以通过调整文本框的大小来使文本完全显示，还可以通过多个文本框的连接来使文本完全显示。

下面将以"杂志设计"为例，详细讲解段落文本的连接方法。制作完成的"杂志设计"效果如图 6-60 所示。

（1）选择"文件"|"打开"命令，打开配套资料\Chapter-06\素材\ "杂志设计素材.cdr"文件，如图 6-61 所示。

图 6-60 杂志设计

图 6-61 杂志设计素材

（2）当文本对象太多，文本框装不下的时候，会在文本框的下面显示一个▼符号，如图 6-62 所示。

（3）如果需要将没有被显示的文本对象，在另外一个文本框中显示，可以再次建立一个文本框。单击▼符号，鼠标变为▤形状，表示可以将没有排完的文本移动到另外一个文本框中。在页面中按住鼠标左键不放，沿对角线拖动鼠标，绘制一个新的文本框，松开鼠标左键，在新绘制的文本框中会显示被遮住的文字，效果如图 6-63 所示。

图 6-62 文本框不能容纳全部文本

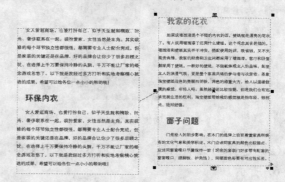

图 6-63 段落文本连接方法（1）

（4）也可以将鼠标移动到另外一个文本框上，当鼠标变为黑色箭头时，单击另外一个文本框，即可将没有排完的文本移动到另外一个文本框中，如图 6-64 所示。

图 6-64 段落文本连接方法（2）

6.6 实例：商场促销海报（使用"形状工具"编辑文本）

形状工具在 CorelDRAW 中起着很关键的作用，它不仅可以对图形进行完美的编辑，也可以对文本进行一些属性编辑，是一个非常实用的工具。

下面将以"商场促销海报"为例，详细讲解使用"形状工具" 编辑文本的方法。制作完成的"商场促销海报"效果如图 6-65 所示。

（1）选择"文件"|"打开"命令，打开配套资料\Chapter-06\素材\"商场促销海报素材.cdr"文件，如图 6-66 所示。

图 6-65 商场促销海报

图 6-66 素材文件

（2）选择"文本工具" ，输入美术字文本，设置其字体、字号大小和文字颜色，如图 6-67 所示。

（3）选择"选择工具" ，双击要倾斜变形的文本对象，旋转和倾斜手柄显示为双箭头时，将鼠标光标移动到倾斜控制手柄 上，按住鼠标左键，拖动鼠标倾斜变形图形，如图 6-68 所示。

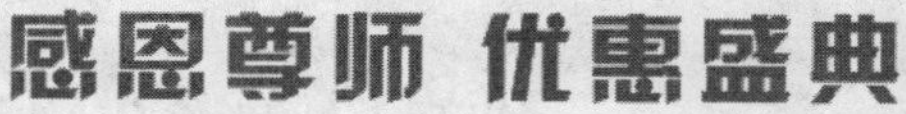

感恩尊师 优惠盛典　　感恩尊师 优惠盛典

图 6-67　输入美术字文本 　　　　　　　图 6-68　倾斜变形文本对象

（4）使用"形状工具" ，选择文本对象，如图 6-69 所示。

（5）通过拖动 符号来调节字间距，效果如图 6-70 所示。

感恩尊师 优惠盛典　　　　　感恩尊师 优惠盛典

图 6-69　使用"形状工具"选择文本对象 　　　图 6-70　调整字间距

（6）在每个文字的左下角出现空心方格，单击空心方格它会突出显示为黑色方格，文本将处于编辑状态，如图 6-71 所示。可以利用"形状工具" 拖动黑色方格到需要的位置，效果如图 6-72 所示。

感恩尊师 优惠盛典　　　感 恩尊师 优惠盛典

图 6-71　选中方格 　　　　　　　　　图 6-72　拖动黑色方格

（7）利用"形状工具" 选取文本对象，还可以在"调色板"中设置颜色，在属性栏中设置文本大小、字体、字符角度等，如图 6-73 所示。设置"感"和"恩"文本的大小，效果如图 6-74 所示。

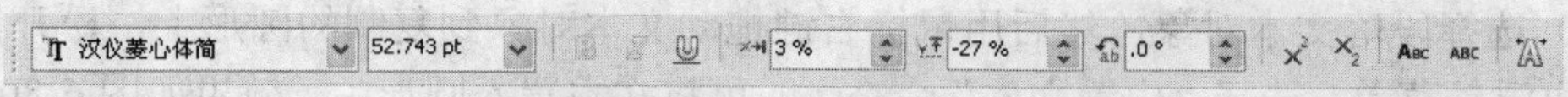

| 汉仪菱心体简 | 52.743 pt | | 3% | -27% | 0.0° | | | ABC ABC |

图 6-73　属性栏

感 恩尊师 优惠盛典

图 6-74　改变文字大小

（8）输入段落文本，设置字体、字号大小和颜色，如图 6-75 所示。使用"形状工具" 选择文本对象，通过拖动 符号来调节行间距，如图 6-76 所示。

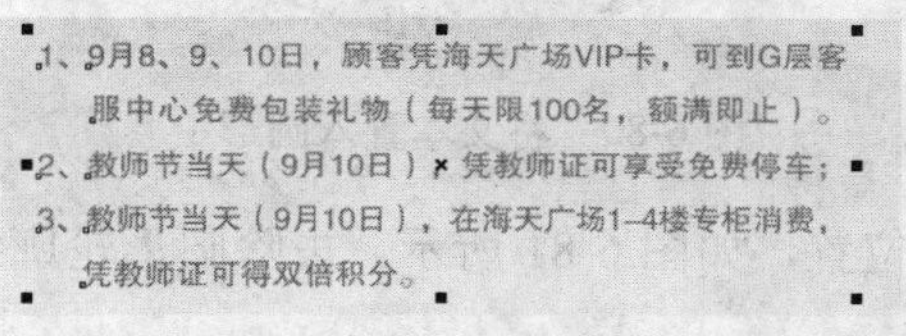

1、9月8、9、10日，顾客凭海天广场VIP卡，可到G层客服中心免费包装礼物（每天限100名，额满即止）。
2、教师节当天（9月10日）凭教师证可享受免费停车；
3、教师节当天（9月10日），在海天广场1-4楼专柜消费，凭教师证可得双倍积分。

1、9月8、9、10日，顾客凭海天广场VIP卡，可到G层客服中心免费包装礼物（每天限100名，额满即止）。
2、教师节当天（9月10日）凭教师证可享受免费停车；
3、教师节当天（9月10日），在海天广场1-4楼专柜消费，凭教师证可得双倍积分。

图 6-75　输入段落文本 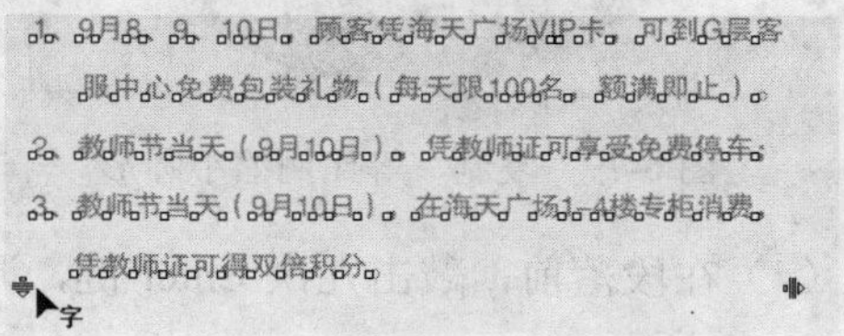　　　　　　　图 6-76　调整行间距

6.7 实例：盘面设计（内置文本）

在选择文本对象后，利用"内置文本"命令，可将文本置入图形对象中。

下面将以"盘面设计"为例，详细讲解将文本置入图形对象中的方法和技巧。制作完成的"盘面设计"效果如图 6-77 所示。

（1）选择"文件"｜"打开"命令，打开配套资料\Chapter-06\素材\"盘面设计素材.cdr"文件，如图 6-78 所示。

图 6-77　盘面设计　　　　　　　　　　图 6-78　素材文件

（2）选取大圆形，按数字键盘上的"＋"键，原位置复制一个圆形，按住 Shift 键，等比例缩小圆形，效果如图 6-79 所示。

（3）选择段落文本对象，然后用鼠标右键拖动文本对象到复制的圆形上，松开鼠标右键，弹出浮动菜单，选择"内置文本"命令，即可将文本置入圆形中，效果如图 6-80 所示。

图 6-79　复制、等比例缩小圆形　　　　图 6-80　将文本置入圆形中

（4）在段落前，敲击几次 Enter 键，调整文字位置，如图 6-81 所示。去除圆形轮廓线，如图 6-82 所示。

图 6-81　调整文字　　　　　　　　　　图 6-82　去除圆形轮廓线

6.8　实例：月历设计（设置制表位）

CorelDRAW 中的制表位具有定位功能，可以让文字对齐特定的位置，具体包括"左制表位"、"中制表位"、"右制表位"、"小数点制表位"4 种制表位对齐效果。

下面将以"月历设计"为例，详细讲解如何应用制表位设置日历，制作完成的"月历设计"效果如图 6-83 所示。

（1）选择"文件"|"打开"命令，打开配套资料\Chapter-06\素材\"月历设计素材.cdr"文件，如图 6-84 所示。

图 6-83　月历设计　　　　　　　　　　图 6-84　素材文件

（2）选择"文本工具"[字]，输入月历段落文本，如图 6-85 所示。然后设置文本的字体、字号、颜色和行距，如图 6-86 所示。

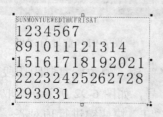

图 6-85　输入月历文字　　　　　　　　图 6-86　设置文本

（3）将文字光标置入段落文本中，按 Ctrl＋A 快捷键全选文字，在上方的标尺上出现多个"L"形滑块，就是制表位，将制表位移动到需要的位置，在制表位上单击鼠标右键，在弹出菜单中选择"中制表位"，如图 6-87 所示。在标尺上的任意位置单击，可以添加制表位，将制表位拖动到标尺外，可删除一些制表位。

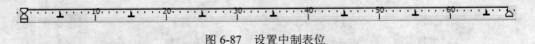

图 6-87　设置中制表位

（4）选择"文本"|"制表位"命令，弹出"制表位设置"对话框，在对话框中可精确设置制表位，如图 6-88 所示。每个制表位应该等距，制表位的间隔距离为 10mm。

（5）将文字光标插入段落文本块中，在需要对齐的文字前加入 Tab 空格，在每个日期和星期左侧插入 1 个"Tab"键，如图 6-89 所示。

图 6-88　"制表位设置"对话框

图 6-89　插入"Tab"键

 在"制表位设置"对话框中还可以设置制表位前导符，单击"前导符选项"按钮，弹出"前导符设置"对话框，如图 6-90 所示。制表位前导符会使目录或清单更加清晰明了，可以沿着前导符方便地阅读两边的内容或条目，如图 6-91 所示。

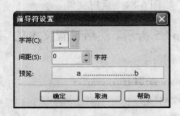

图 6-90　"前导符设置"对话框

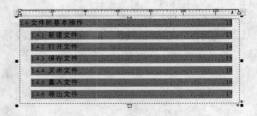

图 6-91　前导符效果

（6）选取阳历段落文本，按数字键盘上的"＋"键，原位置复制阳历段落文本；将复制段落文本中的阳历改成阴历文字，设置字体、字号，如图 6-92 所示。选取阳历段落文本和阴历段落文本，按"L"快捷键进行左对齐，按"T"快捷键进行顶对齐；选取阴历段落文本，按 Ctrl 键向下移动一定距离，将两个段落文本错开，如图 6-93 所示。

图 6-92　制作阴历

图 6-93　日历效果

6.9　实例：标志设计（使文本适合路径）

在 CorelDRAW X5 中，可以借助图形对象灵活多变的路径，随意地排列文本，这就是使文本适合路径功能。文本的适合路径方式可分为开放路径和闭合路径两种类型。

下面将以"标志设计"为例，详细讲解文本沿路径排列的方法和技巧。制作完成的"标志设计"效果如图 6-94 所示。

（1）选择"贝塞尔工具"和"椭圆形工具" ◎ 绘制图形，如图 6-95 所示。

图 6-94　标志设计

图 6-95　绘制图形

（2）选取曲线图形，按数字键盘上的"＋"键，复制曲线图形。然后按住 Ctrl 键，将曲线图形向上侧移动一定距离，如图 6-96 所示。选取上侧曲线图形和正圆形，单击属性栏中的"移除前面对象"按钮 ，效果如图 6-97 所示。

图 6-96　复制、移动图形

图 6-97　移除前面对象

（3）选择"文本工具" 字，在页面中单击，然后输入"www.yejingjin.com"文字，选择"选择工具" ，在属性栏中设置字体为"Arial Black"，文字填充颜色（C95，M67，Y7），如图 6-98 所示。

（4）选择“选择工具”，选取文字，选择“文本”|“使文本适合路径”命令，当光标形状变为字时，移动鼠标到圆形图形上单击，得到如图 6-99 所示效果。

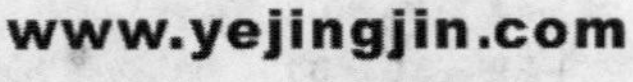
www.yejingjin.com

图 6-98 设置字体、填充颜色

www.yejingjin.com

图 6-99 文本沿路径排列

（5）选中沿路径排列的文本，属性栏如图 6-100 所示，在属性栏中可以设置“文字方向”、“与路径距离” 66.0 mm、“水平偏移” 19.077 mm，通过设置这些选项可以产生多种文字沿路径排列的效果。

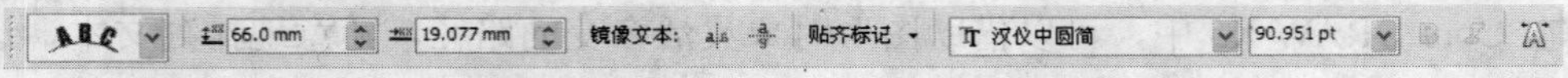
66.0 mm
19.077 mm
镜像文本:
贴齐标记
汉仪中圆简
90.951 pt

图 6-100 “使文本适合路径”的属性栏

6.10 实例：音乐人（文本转换为曲线）

选择“排列”|“转换为曲线”命令，或单击属性栏中的“转换为曲线”按钮，即可将文本转换为曲线，文本转换为曲线后可以使用“形状工具”进行编辑。

下面将以“音乐人”为例，详细讲解“转换为曲线”命令的应用。制作完成的“音乐人”效果如图 6-101 所示。

（1）选择“文本工具”，在页面中单击，然后输入“音乐人”文字，如图 6-102 所示。选择“选择工具”，在属性栏中设置字体为“方正稚艺简体”，为文字填充蓝色，如图 6-103 所示。

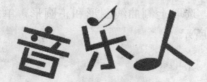

图 6-101 音乐人

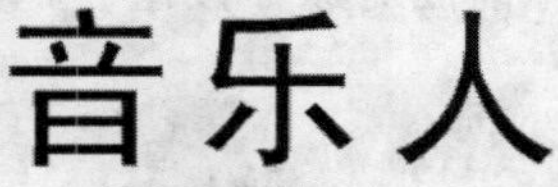
音乐人

图 6-102 输入文字

（2）选取文字，选择“排列”|“拆分”命令，或按 Ctrl+K 快捷键，拆分文字；将拆分出的单个文字选择，旋转一定的角度，效果如图 6-104 所示。

（3）按住 Shift 键，选取拆分的“音乐人”文字，选择“排列”|“转换为曲线”命令，或按 Ctrl+Q 快捷键，将文字转换为曲线，选择“形状工具”，显示节点，如图 6-105 所示。

（4）选择“形状工具”，选择“乐”文字上的节点，如图 6-106 所示。按 Delete 键删除选中的节点，效果如图 6-107 所示。

图 6-103　设置字体、填充颜色　　　　　图 6-104　拆分、旋转文字

图 6-105　将文字转换为曲线　　　　　　图 6-106　选择节点

（5）选择"椭圆形工具" ⊙、"矩形工具" □、"贝塞尔工具" ↘ 绘制图形，如图 6-108 所示。

图 6-107　删除节点　　　　　　　　图 6-108　绘制曲线图形

（6）选取音符图形，在属性栏 ⟳ 315.0 中设置旋转角度为 315°，按 Enter 键确认，将其移动至"乐"文字上方，效果如图 6-109 所示。

（7）使用同样的方法，设计"人"艺术字，如图 6-110 所示。

图 6-109　移动图形　　　　　　　　图 6-110　"人"文字设计

6.11　实例：时尚插画（使用字符和符号）

CorelDRAW X5 中提供了多种特殊字符，可在段落中加入特殊字符，或将这些特殊字

符作为图形添加到绘图中。

下面将以"时尚插画"为例，详细讲解字符和符号的使用方法。制作完成的"时尚插画"效果如图 6-111 所示。

（1）选择"文件"|"新建"命令，新建一个文档，选择工具箱中的"矩形工具" ，绘制一个与页面大小相同的矩形，填充绿色（C79，M45，Y100，K8），并调整与页面中心对齐。使用"椭圆形工具"绘制正圆形，如图 6-112 所示。

（2）按键盘"＋"复制正圆形，调整好位置，按快捷键"Ctrl＋D"再复制图形，如图 6-113 所示。

（3）选择所有正圆形，用鼠标将它们拖到合适位置，右击复制的椭圆形，然后按快捷键"Ctrl＋D"键再复制图形，如图 6-114 所示。

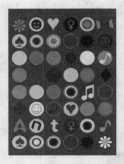
图 6-111　效果图

图 6-112　填充矩形颜色并绘制正圆

图 6-113　多次复制正圆

（4）使用"选择工具" 选取其中一个正圆，并为其填充黄色（M13，Y83），如图 6-115 所示。

（5）使用此方法，依次为其他正圆填充不同颜色，并将一部分正圆删除，如图 6-116 所示。

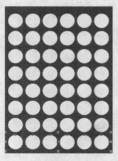

图 6-114　继续复制正圆

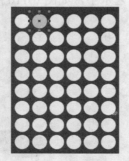
图 6-115　选择图形并填充颜色

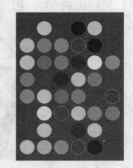
图 6-116　填充颜色并删除部分图形

（6）选择"文本"|"插入字符符号"，弹出"插入字符"对话框，在图形选项框中找到菊花图形，并将图形拖到页面中，如图 6-117 所示。

（7）使用"选择工具" 单击菊花图形，调整大小，然后填充橘黄色（M64，Y98），如图 6-118 所示。

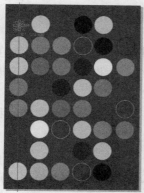

图 6-117　插入字符符号

图 6-118　调整图形大小填充颜色

（8）参照步骤（6）和步骤（7）的方法，依次从"插入字符"对话框拖出不同图形到页面中，并且填充不同颜色，如图 6-119 所示。

（9）为了丰富画面，选取其中一个正圆，复制三个大小不等的同心圆，填充不同颜色，如图 6-120 所示。然后选择"文本工具"，输入文字"Ａ Ｎ Ｔ"，并填充不同颜色，如图 6-121 所示。

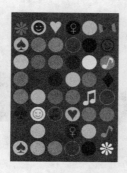

图 6-119　拖入图形并填充颜色

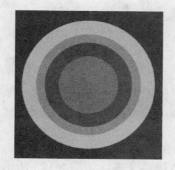

图 6-120　复制同心圆并填充颜色

（10）选择正圆形，在其上复制填充的同心圆图形，完成"时尚插画"的制作，如图 6-122 所示。

图 6-121　输入文字

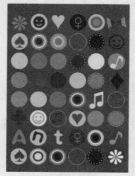

图 6-122　复制填充同心圆

6.12　实例：宣传页设计（文本和图形样式）

样式就是指将对象的属性保存起来。应用样式，就是按照保存好的属性重新设定对象的一些属性。使用样式可以方便地设计出风格统一的作品，这样就可以保持作品的风格具有一致性。

下面将以"宣传页设计"为例，详细讲解文本和图形样式的创建和应用。制作完成的"宣传页设计"效果如图 6-123 所示。

1. 创建样式

（1）选择"文件"|"打开"命令，打开配套资料\Chapter-06\素材\"宣传页设计素材.cdr"文件，如图 6-124 所示。

图 6-123　宣传页设计　　　　　　　　图 6-124　宣传页设计素材

（2）输入段落文本，如图 6-125 所示。

（3）选择"工具"|"图形和文本样式"命令，弹出"图形和文本"泊坞窗，单击泊坞窗右上角的三角形，在弹出的菜单命令中选择"新建"命令，会弹出如图 6-126 所示的菜单。

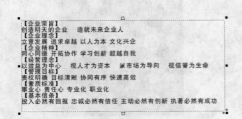

图 6-125　输入段落文本　　　　　　　图 6-126　弹出的菜单

（4）选择"段落文本样式"命令，在泊坞窗中就会出现"新建段落文本"选项。选择该选项并单击鼠标右键，弹出菜单如图 6-127 所示。

（5）选择"属性"命令，弹出"选项"对话框，如图 6-128 所示。

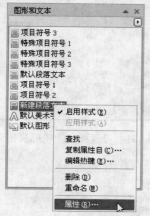

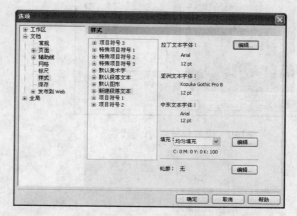

图 6-127　弹出的菜单　　　　　　　　　图 6-128　"选项"对话框

（6）单击右侧上方的"编辑"按钮，弹出"格式化文本"对话框，在其中设定段落文本样式属性（字体、大小、对齐方式、段落间距、行距），如图 6-129 所示。

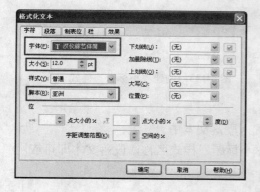
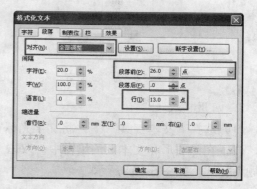

图 6-129　设置样式属性

（7）单击右侧的填充"编辑"按钮，弹出"均匀填充"对话框，设定样式的填充属性，如图 6-130 所示。

　在"选项"对话框中，单击右侧的轮廓"编辑"按钮，弹出"轮廓笔"对话框，设定样式的轮廓属性，如图 6-131 所示。

（8）单击"选项"对话框中的"确定"按钮，完成样式属性的设置。

（9）在"图形和文本"泊坞窗中，选择"新建段落文本"选项并单击鼠标右键，在弹出菜单中选择"重命名"命令，如图 6-132 所示，将样式命名为"小标题"，如图 6-133 所示。

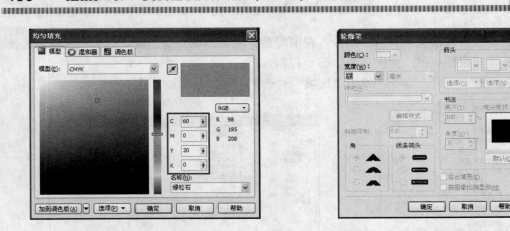

图 6-130　设置样式的填充属性

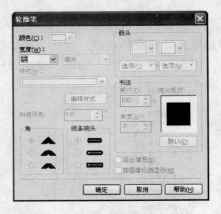

图 6-131　设置样式的轮廓属性

图 6-132　为样式命名

图 6-133　创建"小标题"样式

2．应用样式

（1）选择"文本工具" 字，将文字光标置入段落文本中。

（2）在"图形和文本"泊坞窗中，双击"小标题"样式名称，段落文本即可应用"小标题"样式，如图 6-134 所示。

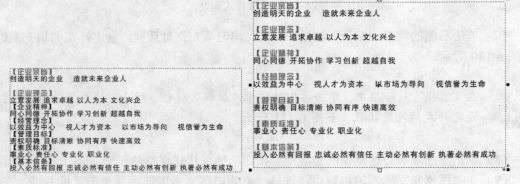

图 6-134　为段落文本应用"小标题"样式

创建、应用图形样式的方法与创建、应用文本样式的方法相同。

课后练习

1. 制作字母笑脸效果图，如图6-135所示。

要求：

（1）使用"贝塞尔工具" ✎ 绘制笑脸图形。

（2）使用"文本工具" 字 在路径上连续创建英文单词。

（3）设置文本颜色，取消路径文字轮廓线的填充，完成制作。

2. 设计制作招贴画，示例效果如图6-136所示。

图6-135　效果图1

图6-136　效果图2

要求：

（1）新建文件，创建背景。

（2）使用"贝塞尔工具" ✎ 创建装饰图形。

（3）使用"文本工具" 字 创建文字。

第 7 课
使用交互式工具

本课知识结构

利用 CorelDRAW X5 的交互式工具可以为图形创建封套、立体化、轮廓图、变形、调和、阴影等特殊效果，综合运用各种效果，可以使绘制的图形拥有无穷的魅力。交互式工具包括"调和工具"、"轮廓工具"、"变形工具"、"阴影工具"、"封套工具"、"立体化工具"和"透明工具"。本课将学习交互式工具的使用方法和技巧，使读者可以使用它们创建各种特殊效果。

就业达标要求

☆ 调和工具   ☆ 轮廓工具
☆ 变形工具   ☆ 阴影工具
☆ 封套工具   ☆ 立体化工具
☆ 透明工具

7.1 实例：彩虹（调和工具）

利用"调和工具"，可以创建对象间形状和颜色的过渡效果，其包括 4 种基本形式，分别为直接调和、手绘调和、沿路径调和以及复合调和。

下面将以"彩虹"为例，详细讲解使用"调和工具"制作调和图形的方法。制作完成的"彩虹"效果如图 7-1 所示。

1. 直接调和

（1）选择"文件"|"打开"命令，或按 Ctrl＋O 快捷键，或者在标准工具栏上单击"打开"按钮，打开配套资料\Chapter-07\素材\"彩虹素材.cdr"文件，如图 7-2 所示。

（2）使用"椭圆形工具"绘制一个正圆形，原位复制圆形并将其等比例放大，如图 7-3 所示。

（3）设置大圆形的轮廓色为红色，小圆形的轮廓色为洋红，轮廓宽度为 3mm，如图 7-4 所示。

图 7-1　彩虹

图 7-2　打开文件

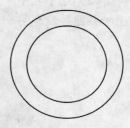

图 7-3　绘制、复制圆形

（4）选中大圆形后，选择"调和工具" ，将鼠标移动到大圆形上，按住左键向小圆形拖动，效果如图 7-5 所示。

（5）可以在属性栏上的"调和对象"参数栏中调整调和的步数。在属性栏中单击"顺时针调和"按钮 ，效果如图 7-6 所示。可通过"颜色调和"按钮 来选择颜色的调和方式。

- 表示颜色渐变的方式为直接渐变。
- 表示颜色渐变的方式为色彩轮盘顺时针渐变。
- 表示颜色渐变的方式为色彩轮盘逆时针渐变。

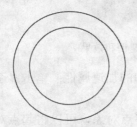

图 7-4　设置圆形轮廓色

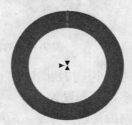

图 7-5　直接调和图形

图 7-6　生成的调和效果

（6）选择调和图形，选择"透明工具" ，在属性栏"透明度类型"下拉列表中选择一种"线性"透明度类型；使用鼠标单击确定渐变透明的起点，从上向下拖动鼠标，如图 7-7 所示，释放鼠标，渐变透明的效果如图 7-8 所示。

图 7-7　图形设置渐变透明

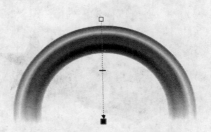

图 7-8　线性渐变透明效果

2．手绘调和

（1）在页面上绘制两个对象，如图 7-9 所示。

（2）选中其中一个对象后，选择"调和工具" 🔲，按住 Alt 键，按住鼠标左键并拖动出一条路径，至另一个对象上释放鼠标，即可完成手绘调和操作，如图 7-10 所示。

图 7-9　绘制两个图形　　　　　　　　图 7-10　手绘调和图形

（3）单击属性栏中的"对象和颜色加速"按钮 🔲，弹出如图 7-11 所示的对话框，可以在对话框中调整对象和颜色的加速属性，对象和颜色加速调和效果如图 7-12 所示。

图 7-11　"对象和颜色加速"对话框　　　　图 7-12　对象和颜色加速调和效果

（4）单击属性栏中的"调整加速大小"按钮 🔲，可以控制调和的加速属性；单击"杂项调和选项"按钮 🔲，可以进行更多的调和设置。

（5）在建立调和效果时，先绘制的是起点对象，后绘制的是终点对象，可以将起点对象或终点对象更换为另一个对象。首先在调和对象的上面绘制另外一个新图形，如图 7-13 所示。选中调和的对象，单击属性栏中的"起始和结束属性"按钮 🔲，弹出如图 7-14 所示的菜单，选择"新终点"选项，鼠标的光标变为 🔫，在新的终点对象上单击，如图 7-15 所示，终点对象被更改，如图 7-16 所示。

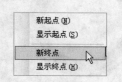

图 7-13　调和图形和新图形　　　　　　图 7-14　弹出菜单

图 7-15　更换终点对象

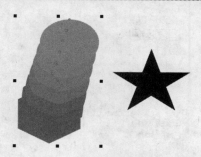

图 7-16　更换终点对象效果

3．沿路径调和

（1）使用沿路径调和效果，过渡的图形会沿着指定的路径来发生变化，在过渡之前，先制作出直接调和图形并绘制一条路径，如图 7-17 所示。

（2）选择调和图形，如图 7-18 所示。

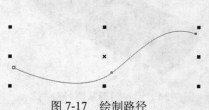

图 7-17　绘制路径

图 7-18　选择调和图形

（3）然后单击属性栏上的"路径属性"按钮，在弹出菜单中选择"新路径"命令。鼠标光标显示为，将鼠标光标移动到绘制的路径上单击，即可创建沿路径调和的图形，如图 7-19 所示。

（4）使用"选择工具"选择并拖动起点图形或终点图形可以调整调和对象在路径上的分布情况，将路径选中并设置轮廓色为无，可以隐藏该路径，如图 7-20 所示。

图 7-19　沿路径调和的效果

图 7-20　隐藏调和路径

（5）选择"效果"|"调和"命令，弹出"混合"泊坞窗，如图 7-21 所示；勾选"沿全路径调和"复选框，单击"应用"按钮，效果如图 7-22 所示。

（6）在"混合"泊坞窗中再勾选"旋转全部对象"复选框，效果如图 7-23 所示。

（7）单击属性栏上的"路径属性"按钮，在弹出菜单中选择"从路径分离"命令，使调和图形不再沿着路径变化，效果如图 7-24 所示。

图 7-21 "混合"泊坞窗

图 7-22 沿全路径调和

图 7-23 旋转全部对象

图 7-24 调和图形从路径分离

4．复合调和

（1）复合调和是由两个以上的对象调和而成的，其创建方法与直接调和相似。绘制 4 个图形，如图 7-25 所示。

（2）先使 与 调和，步长为 6，效果如图 7-26 所示。

图 7-25 4 个图形　　　　　　图 7-26 先进行两个对象的调和

（3）再使 ● 与 ◯ 调和，步长为 6，效果如图 7-27 所示。

（4）再使 ◯ 与 ✦ 调和，步长为 6，效果如图 7-28 所示。

图 7-27 增加一个调和对象

图 7-28 完成所有调和操作

5．拆分调和对象

（1）使用"调和工具" ![icon]，选中一个调和对象，在"混合"泊坞窗中单击"拆分"按钮，如图 7-29 所示。

（2）鼠标的光标变为 ![icon]，在要拆分的对象上单击，如图 7-30 所示。

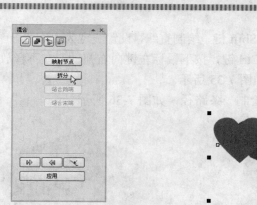

图 7-29　"混合"泊坞窗

图 7-30　拆分调和对象

（3）被选中的对象将变为独立的对象，如图 7-31 所示。

（4）选择"选择工具" ，选中拆分的对象，拖动被拆分的对象可以改变调和的效果，如图 7-32 所示。被拆分的对象变为独立对象后，可以和其他对象进行调和。

图 7-31　调和对象变为独立的对象

图 7-32　拖动拆分的对象

7.2　实例：灯笼（调和工具）

下面将以"灯笼"为例，详细讲解使用"调和工具" 制作调和图形的方法。制作完成的"灯笼"效果如图 7-33 所示。

（1）选择"椭圆形工具" ，绘制椭圆形；选择"矩形工具" ，绘制矩形；选择"贝塞尔工具" ，绘制曲线图形；为图形造型，并为图形填充颜色和渐变色，效果如图 7-34 所示。

图 7-33　灯笼

图 7-34　绘制图形

（2）选择"钢笔工具" ，按住 Shift 键，绘制直线，设置线宽为 1.0mm，颜色为（M4，Y98）；选择"选择工具" ，按住 Ctrl 键，按下鼠标左键向右拖动，在不释放鼠标左键的情况下单击鼠标右键，复制直线，如图 7-35 所示。

（3）选择"贝塞尔工具" ，绘制一条路径，如图 7-36 所示。

图 7-35　绘制、复制直线　　　　　　　　图 7-36　绘制一条路径

（4）选择"调和工具" ，在一条直线上按住鼠标左键向另一条直线拖动，释放鼠标左键，属性栏中 100 选项的值设置为 100，效果如图 7-37 所示。

（5）选择调和图形，然后单击属性栏上的"路径属性"按钮 ，在弹出菜单中选择"新路径"命令。鼠标光标显示为 ，将鼠标光标移动到绘制的路径上单击，即可创建沿路径调和的图形，路径设置为无色，如图 7-38 所示。

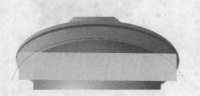

图 7-37　直接调和图形　　　　　　　　　图 7-38　沿路径调和图形

（6）绘制、复制直线，设置线宽为 1.0mm，颜色为（M20，Y94），绘制一条路径，参照上述调和图形的制作方法，制作另一个调和图形，效果如图 7-39 所示。

图 7-39　生成的调和效果

（7）选择"钢笔工具" ，绘制两条曲线，设置线宽为 0.75mm；选择"排列"|"将轮廓转换为对象"命令，或按 Ctrl＋Shift＋Q 快捷键，将轮廓线转换为对象，如图 7-40 所示。

（8）为曲线填充自定义线性渐变，效果如图 7-41 所示。

（9）选择"调和工具" ，在一条曲线上按住鼠标左键向另一条曲线拖动，释放鼠标左键，属性栏中 20 选项的值设置为 20，效果如图 7-42 所示。

图 7-40 绘制曲线　　　图 7-41 为曲线填充线性渐变　　　图 7-42 生成的调和效果

（10）选取调和图形，选择"效果"|"图框精确剪裁"|"放置在容器中"命令，此时光标显示为➡图标。将光标移动到曲线图形边框上单击，图形即置于曲线图形中，效果如图 7-43 所示。

（11）参照路径调和图形的制作方法，制作灯笼下端的调和图形，效果如图 7-44 所示。

图 7-43 应用"图框精确剪裁"效果　　　　　图 7-44 沿路径调和图形

（12）绘制并填充其他图形，并调整图形排列顺序，完成灯笼的绘制。

7.3 实例：星光灿烂（轮廓工具）

轮廓图效果是由图形中向内部或者外部放射而形成的层次效果，由多个同心线圈组成。下面将以"星光灿烂"为例，详细讲解使用"轮廓工具" 📷 生成轮廓图效果。制作完成的"星光灿烂"效果如图 7-45 所示。

1. 生成轮廓图

（1）选择"星形工具" 🌟，按住 Ctrl 键绘制一个正五角星形，边数设置为 5，星形锐度为 50，轮廓色为（M50，Y100），轮廓宽度为 2pt，单击"自由变换"工具 🖊️，对星形进行倾斜变换，如图 7-46 所示。

（2）选择"轮廓工具" 📷，将属性栏中"轮廓图偏移"选项 [1.5 mm] 设置为 1.5mm，确认"填充色"的颜色为（M50，Y100），"轮廓色"为（M10，Y100），"轮廓图步长" [8] 为 8，然后单击"外部轮廓" 📷 按钮，生成轮廓效果图，如图 7-47 所示。

图 7-45　星光灿烂

图 7-46　绘制五角星形

图 7-47　生成轮廓效果图

"到中心"按钮，表示图形向中心轮廓化；"内部轮廓"按钮表示图形向内轮廓化；"外部轮廓"按钮，表示图形向外轮廓化，效果如图 7-48 所示。

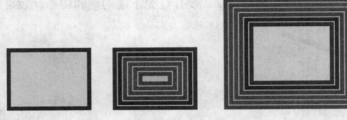

图 7-48　图形轮廓化效果

（3）选择"文本工具"，在页面中单击，然后输入"星光灿烂"文字，在属性栏中设置字体为"汉仪行楷简"，为文字填充黄色，如图 7-49 所示。

（4）选择"选择工具"，选中文字对象，选择"轮廓工具"，在属性栏上单击"外部轮廓"按钮，在 2 中设置轮廓图的步数为 2，在 2.0 mm 中设置轮廓图的偏移量为 2mm，在 中设置填充色为（M50，Y100），效果如图 7-50 所示。

图 7-49　输入、设置文字

图 7-50　生成描边文字效果

（5）在属性栏上单击"清除轮廓"按钮，可以将轮廓图效果清除，恢复原来的图形形态。

对象应用轮廓图效果后，对所有原始对象所做的修改，包括形状和填充的修改都会影响到轮廓效果。

2．拆分轮廓图

（1）选择"选择工具"，选中轮廓图图形。

（2）选择"排列"|"拆分轮廓图群组"命令，将轮廓图图形拆分，使用"选择工具"
选中拆分的轮廓图对象并移动它，效果如图 7-51 所示。

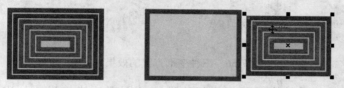

图 7-51 拆分轮廓图

3．复制轮廓图属性

（1）选取四边形，选择"轮廓工具"，在属性栏上单击"复制轮廓图属性"按钮，
鼠标变为黑色箭头，用黑色箭头在轮廓图图形上单击。

（2）轮廓图属性被复制到四边形上，如图 7-52 所示。

图 7-52 复制轮廓图属性

（3）复制轮廓图属性只能复制轮廓图的步数、偏移量和轮廓线颜色，不能复制颜色填
充属性。

7.4 实例：时尚旋风（变形工具）

"变形工具"可以为图形创建特殊的变形效果。

下面将以"时尚旋风"为例，详细讲解如何使用"变形工具"为图形创建特殊的变
形效果。绘制完成的"时尚旋风"效果如图 7-53 所示。

（1）选择"星形工具"，按住 Ctrl 键绘制一个正六角星形，边数设置为 6，星形锐
度为 50，填充射线渐变色，如图 7-54 所示。

（2）选取星形，选择"变形工具"，在属性栏上单击"扭曲变形"按钮，在星形
中央按下鼠标左键并拖动鼠标，应用变形效果如图 7-55 所示。推拉变形、拉链变形和
扭曲变形三种变形方式的效果对比，如图 7-56 所示。

图 7-53 时尚旋风　　　　图 7-54 绘制、填充星形　　　　图 7-55 扭曲变形效果

图 7-56　三种变形方式的效果对比

● 推拉变形：通过拖动鼠标光标将选取的图形边缘推进或拉出，在属性栏中的 ⌒10⌄ 中，可以输入数值来控制推拉变形的幅度，如图 7-57 所示。单击属性栏中的"居中变形"按钮，可以将变形的中心移至图形的中心。

图 7-57　调整推拉变形的幅度

● 拉链变形：可以将当前选择的图形边缘调整为尖锐的锯齿状轮廓效果，在属性栏中的 ⌒7⌄ 中可以输入频率数值来设置两个节点之间的锯齿数，在进行拉链变形前，要先设置好频率数值，设置不同的频率数值可以制作出不同的变形效果，如图 7-58 所示。单击属性栏中的"随机变形"按钮，可以随机地变化图形锯齿的深度；单击属性栏中的"平滑变形"按钮，可以将图形锯齿的尖角变成圆弧；单击属性栏中的"局部变形"按钮，在图形中拖动鼠标，可以将图形锯齿的局部进行变形，如图 7-59 所示。

图 7-58　调整拉链变形的频率　　　　　　图 7-59　随机、平滑和局部变形效果

● 扭曲变形：在属性栏中的"完全旋转" ↻315⌄ 中输入数值可以设置完全旋转的圈数，设置不同圈数的完全旋转效果如图 7-60 所示。在属性栏中的"附加角度" ∠6⌄ 中输入数值可以设置旋转的角度；单击属性栏中的"顺时针旋转"按钮 ↻ 和"逆时针旋转"按钮 ↺，可以设置旋转的方向，效果如图 7-61 所示。

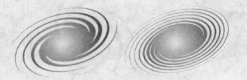
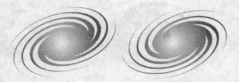

图 7-60　设置完全旋转的圈数　　　　　　图 7-61　顺时针和逆时针旋转

（3）选择"自由变换工具" ，对变形图形进行缩放、倾斜、旋转，如图 7-62 所示。

（4）选择"文本工具" 字，输入"时尚旋风"文字，字体为"汉仪大黑简"，选择"形状工具"，调节字距，如图 7-63 所示。

图 7-62　图形自由变换　　　　　　　　　　　　　图 7-63　调整字距

（5）将文字选取，选择"效果"|"添加透视"命令，将鼠标光标放置在变换框右上角的控制点上，按下鼠标向上拖动；再将鼠标光标放置在变换框右下角的控制点上，按下鼠标向下拖动，如图 7-64 所示。

（6）按 Ctrl＋Q 快捷键，将文字转换为曲线，选择"形状工具"，选择"风"文字上的节点，按 Delete 键删除选中的节点，效果如图 7-65 所示。

（7）选择"贝塞尔工具"或"钢笔工具"，勾画"⚡"图形并填充自定义线性渐变，如图 7-66 所示。

图 7-64　透视变形　　　　　图 7-65　删除节点　　　　　图 7-66　勾画、填充曲线图形

（8）为"时尚旋风"图形填充自定义线性渐变，调整文字图形与变形图形的排列顺序。

7.5　实例：时钟（阴影工具）

使用"阴影工具"，可以给图形加上阴影效果，加强图形的可视性和立体感，使图形更加形象。

下面将以"时钟"为例，详细讲解如何使用"阴影工具"为图形添加阴影效果，还可以设置阴影的透明度、角度、位置、颜色和羽化程度。绘制完成的"时钟"效果如图 7-67 所示。

（1）选择"椭圆形工具"，按住 Ctrl 键，绘制正圆形；为圆形填充自定义线性渐变色，效果如图 7-68 所示。选取正圆形，按数字键盘上的"＋"键，原位置复制一个正圆形，按住 Shift 键，等比例缩小正圆形。选取缩小的正圆形，在属性栏上的 .2mm 中将轮廓线宽度设置为 0.2mm，轮廓线颜色为（C42，M78，Y99，K4），填充色为无，如图 7-69 所示。

（2）选择"椭圆形工具"，按住 Ctrl 键，绘制小正圆形；并填充圆锥渐变色；如

图 7-70 所示。选取小正圆形，按 Ctrl＋C 快捷键复制，按 Ctrl＋V 快捷键粘贴。选择小正圆形，然后双击，旋转和倾斜手柄显示为双箭头，并显示中心标记，在标准工具栏中单击贴齐 按钮，在弹出菜单中勾选“贴齐对象”命令，拖动中心标记至正圆形中心以指定旋转中心，如图 7-71 所示。

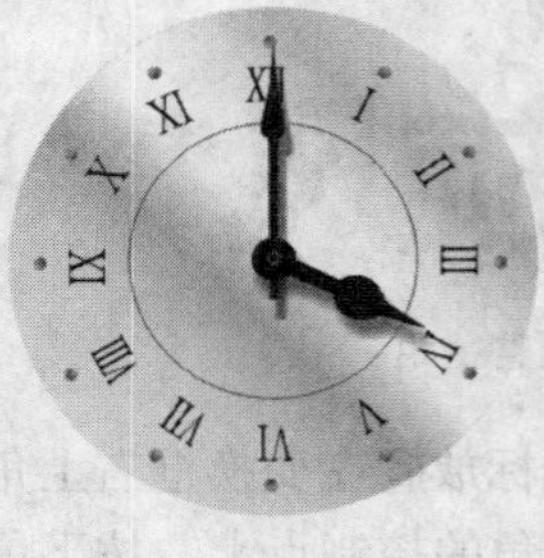

图 7-67 时钟

图 7-68 绘制、填充圆形

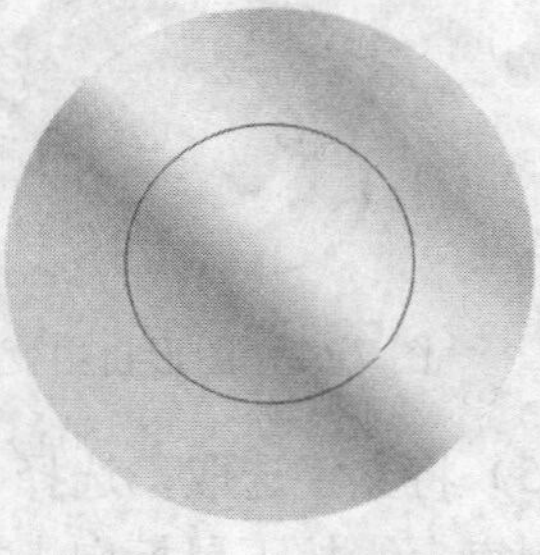

图 7-69 复制、等比缩小、设置圆形

（3）在属性栏 -30 °中设置旋转角度为-30°，旋转小正圆形，效果如图 7-72 所示。连续按 10 次 Ctrl＋D 快捷键，连续复制小正圆形，效果如图 7-73 所示。

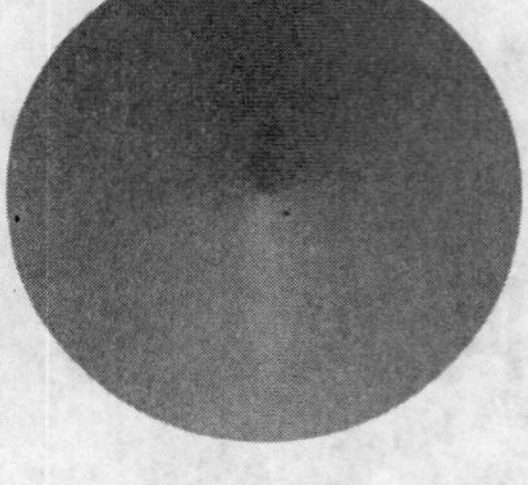

图 7-70 绘制、填充小正圆形

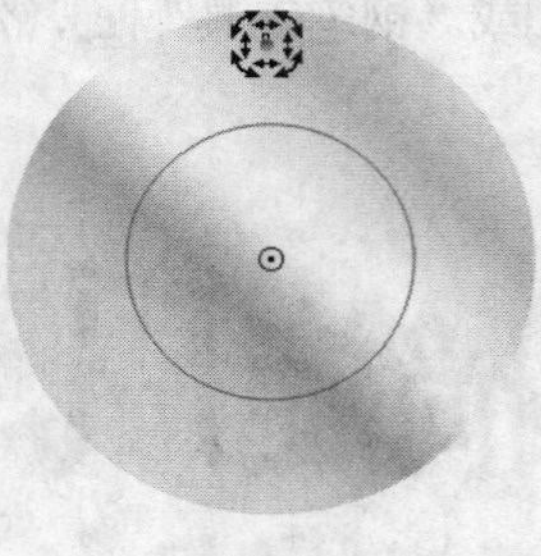

图 7-71 指定旋转中心

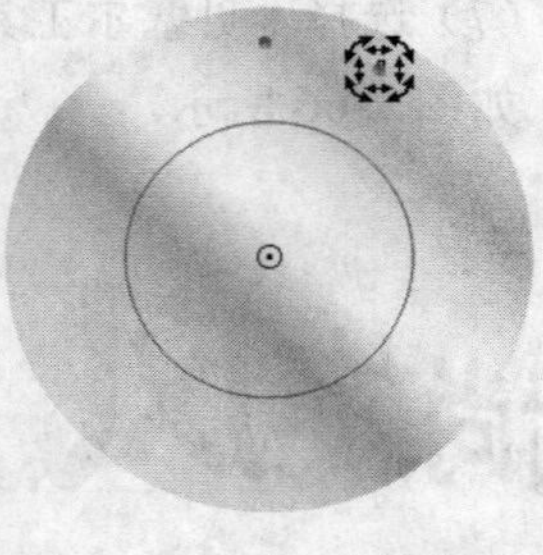

图 7-72 旋转小正圆形

（4）使用“椭圆形工具”、“钢笔工具”、“矩形工具”等绘图工具绘制图形，然后单击属性栏中的“焊接”按钮，将各个图形焊接在一块，焊接成时针和分针图形，效果如图 7-74 所示。

（5）选择“选择工具”，分别选取时针和分针图形，选择“阴影工具”，按住鼠标左键向阴影投射的方向拖动鼠标，即可为选取的对象添加阴影，阴影效果如图 7-75 所示。属性栏设置如图 7-76 所示。

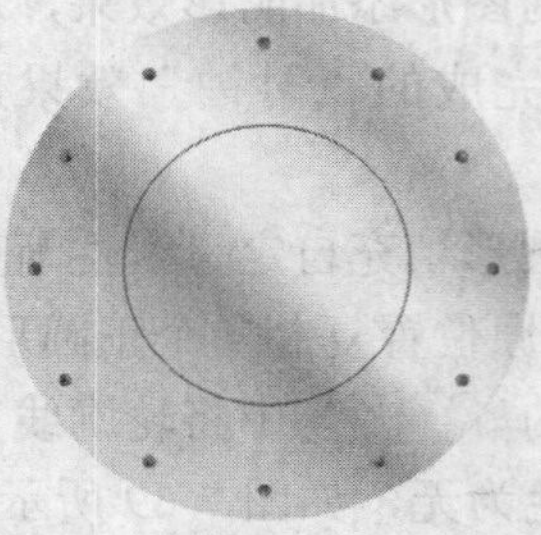

图 7-73 复制小正圆形

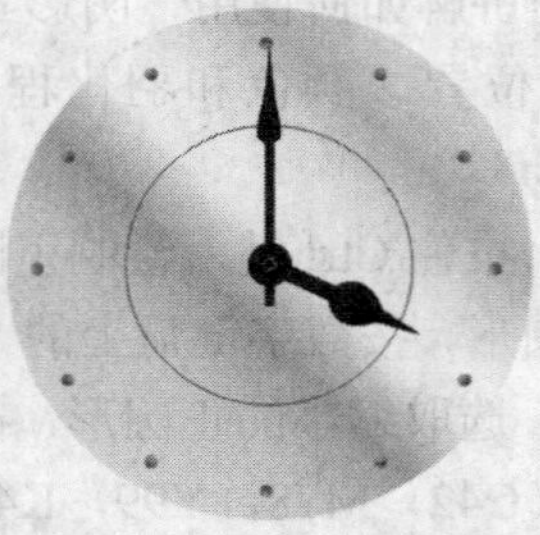

图 7-74 时针和分针图形

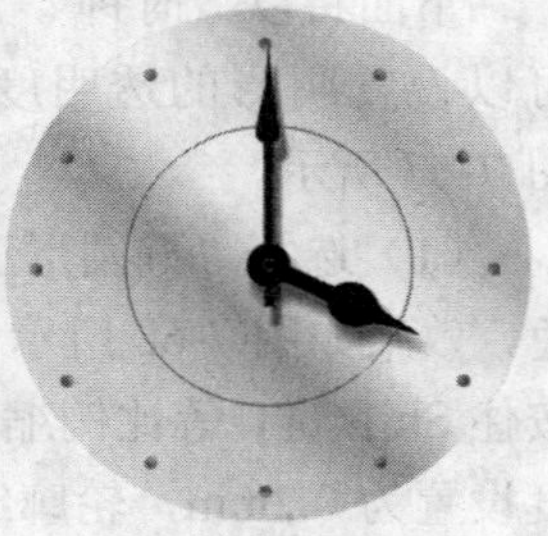

图 7-75 添加阴影

图 7-76　阴影设置

- 在属性栏中的"预设列表"下拉列表中 [预设...　▾] 可选择预设的阴影效果，如图 7-77 所示。单击预设框后面的按钮 ✚ ━，可以添加或删除预设框中的阴影效果。
- 在"阴影偏移" [1.907 mm / -3.744 mm] 中输入数值可以设置阴影的偏移位置。
- 在属性栏"阴影角度" [□ -44 ✚] 中可设置阴影的变化角度，不同角度的阴影效果，如图 7-78 所示。

图 7-77　预设阴影效果　　　　　　　　　图 7-78　不同角度的阴影效果

- 在"透明度" [□ 70 ✚] 中设置阴影的透明度，不同透明度的阴影效果如图 7-79 所示。
- 在"阴影羽化" [∅ 15 ✚] 中设置阴影羽化程度，数值越小，羽化程度越小，不同羽化程度的阴影效果如图 7-80 所示。

图 7-79　不同透明度的阴影效果　　　　　图 7-80　不同羽化程度的阴影效果

- 单击"羽化方向"按钮 [□]，选择一种阴影羽化方向，包括内部、中间、外部、平均几种方式；单击"羽化边缘"按钮 [□]，弹出"羽化边缘"设置区，可以设置阴影的羽化边缘模式，如图 7-81 所示。
- 在"阴影淡出"和"阴影延展" [40 ✚ 50 ✚] 中输入数值可以设置阴影的淡化和延展。
- 在"阴影颜色" [■ ▾] 中设置阴影的颜色。
- 拖动阴影控制线上的图标 [✎]，可以调节阴影的透光程度。拖动时越靠近图标 [□]，透光度越小，阴影越淡；越靠近图标 [■]，透光度越大，阴影越浓，如图 7-82 所示。

图 7-81　设置阴影羽化方向和羽化边缘模式　　　图 7-82　调节阴影的透光程度

（6）选择"文本工具"字，在页面中单击，然后输入特殊数字"Ⅻ"文字，选取"Ⅻ"文字，在属性栏中设置字体为"汉仪中宋简"，如图 7-83 所示。

（7）选取"Ⅻ"文字，按 Ctrl＋C 快捷键复制，按 Ctrl＋V 快捷键粘贴。选择"Ⅻ"文字，然后双击，旋转和倾斜手柄显示为双箭头，并显示中心标记，在标准工具栏中单击贴齐按钮，在弹出菜单中勾选"贴齐对象"命令，拖动中心标记至大正圆形中心以指定旋转中心。在属性栏中设置旋转角度为-30°，旋转复制"Ⅻ"文字，如图 7-84 所示。

（8）连续按 10 次 Ctrl＋D 快捷键，连续复制"Ⅻ"文字，效果如图 7-85 所示。更改时间文字，如图 7-86 所示。

图 7-83　输入、设置文字　　图 7-84　旋转复制文字　　图 7-85　连续再制文字

（9）在属性栏上单击"清除阴影"按钮，可以将制作的阴影清除。

 选取一个图形，选择"阴影工具"，在属性栏上单击"复制阴影效果属性"按钮，鼠标变为黑色箭头，用黑色箭头在已制作阴影图形的阴影上单击，可复制阴影效果，如图 7-87 所示。

图 7-86　更改时间刻度　　　　图 7-87　复制阴影属性

7.6　实例：新店开业（封套工具）

利用"封套工具"可以在图形或文字的周围添加带有控制点的虚线框，通过调整控制点的位置，可以很容易地对图形或文字进行变形。

下面将以"新店开业"宣传页为例，详细讲解使用"封套工具"制作变形文字的方法。制作完成的"新店开业"宣传页效果如图 7-88 所示。

（1）选择"文件"|"打开"命令，打开配套资料\Chapter-07\素材\"新店开业宣传页素材.cdr"文件，如图 7-89 所示。

图 7-88　"新店开业"宣传页

图 7-89　打开文件

（2）选择"文本工具" 字，在页面中单击，然后输入"真情无限快乐无限"文字，选择"选择工具" ，在属性栏中设置字体为"汉仪大黑简"，为文字填充洋红色，如图 7-90 所示。

（3）选择文字，选择"封套工具" ，鼠标形状变为 ，用鼠标单击对象，对象的四周将会显示带控制点的虚线框，如图 7-91 所示。

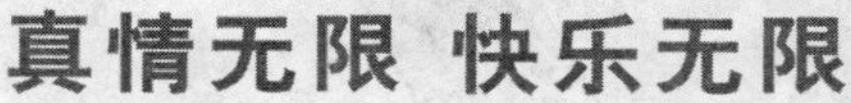

真情无限 快乐无限

图 7-90　输入、设置文字

真情无限 快乐无限

图 7-91　带控制点的虚线框

（4）移动鼠标到控制点处，当鼠标的形状变为 时，即可按下鼠标左键进行控制点的拖动，松开鼠标确定后，对象的形状将发生相应的改变；选择上端中间控制点，单击属性栏"直线模式"按钮 ，按住鼠标左键并向下拖动，对控制点的位置进行调整；如图 7-92 所示。调整其他控制点，效果如图 7-93 所示。

真情无限 快乐无限

图 7-92　向下拖动

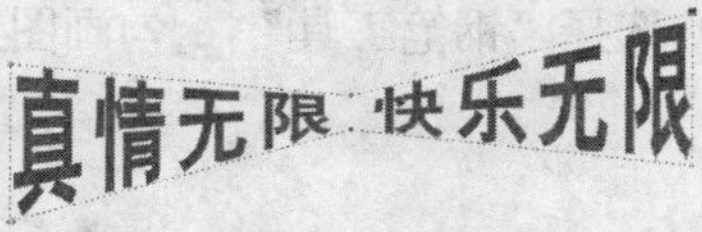

真情无限 快乐无限

图 7-93　变形后的效果

- 在属性栏上单击"直线模式"按钮 表示封套上线段的变化为直线，如图 7-94 所示。单击"单弧模式"按钮 表示封套上线段的变化为单弧线，如图 7-95 所示。单击"双弧模式"按钮 表示封套上线段的变化为双弧线，如图 7-96 所示。单击"非强制模式"按钮 表示封套上线段的变化不受任何限制，可以任意调整选择的控制点和控制柄，如图 7-97 所示。

选择"非强制模式"按钮 ，使用鼠标和属性栏中的按钮 ，可以对封套上的控制点进行移动、添加、删除和更改平滑属性等操作，封套上的节点也可以通过属性栏更改属性。

图 7-94　直线模式效果　　　　　　　　图 7-95　单弧模式效果

图 7-96　双弧模式效果　　　　　　　　图 7-97　非强制模式效果

- 在属性栏中的"预设列表"下拉列表 预设_____ 中可选择预设的封套效果，如图 7-98 所示。单击预设框后面的按钮 ➕ ━，可以添加或删除预设框中的封套效果。

图 7-98　预设封套效果

- 在属性栏中的"映射模式"下拉列表 自由变形 中可选择封套的映射模式，使用合适的映射模式可以使封套中的对象符合封套的形状，制作出需要的变形效果。

（5）选取文字，进行复制，向右下侧移动一定距离，为其填充黑色，按 Ctrl＋PageDown 快捷键将复制的文字后移一层，如图 7-99 所示。

（6）选择"钢笔工具" 🖊 勾画图形，填充颜色（M100，Y100，K40），如图 7-100 所示。

真情无限 快乐无限

图 7-99　复制、移动变形文字　　　　　　　图 7-100　勾画图形

7.7　实例：周年庆典宣传画（立体化工具）

利用"立体化工具" 🖼 可以将创建的二维图形转变为三维的立体化图形，将一个对象立体化时，CorelDRAW X5 沿对象的边的投影点把它们连接起来以形成面，立体化的面和它们的控制对象形成一个动态的链接组合，可以任意改变。

下面将以"周年庆典宣传画"为例，详细讲解如何使用"立体化工具" 🖼 制作立体图形。制作完成的"周年庆典宣传画"效果如图 7-101 所示。

（1）选择"文本工具" 字，在页面中单击，分别输入数字文字和汉字文字，并设置字体；选择"矩形工具" □，绘制一个矩形，并填充颜色，效果如图 7-102 所示。

（2）选取文字和矩形，选择"自由扭曲工具" ✍，在属性栏"倾斜角度" ⟨ -10.0 .0 ⟩ 中输入倾斜角度为-10°，效果如图 7-103 所示。

图 7-101　周年庆典宣传画

图 7-102　输入文字、绘制矩形　　　图 7-103　倾斜文字和矩形

（3）为文字和矩形填充从颜色（Y100）到颜色（Y20）的线性渐变，效果如图 7-104 所示。

（4）选取文字和矩形，在属性栏 ⟲ 6.8 中设置旋转角度为 6.8°，按 Enter 键确认，如图 7-105 所示。

图 7-104　文字和矩形填充线性渐变　　　图 7-105　旋转文字和矩形

（5）选取"15"文字，选择"立体化工具" ▣，鼠标在工作区中的形状变为 ▶。将鼠标光标放置到文字上按下鼠标左键并向想要的立体化方向（右上角）拖动。拖动过程中，在图形的四周会出现一个立体化框架，同时有一个指示延伸方向的箭头出现，如图 7-106 所示。

（6）释放鼠标后，单击属性栏中的"立体化颜色"按钮 ▣，在弹出的面板中激活"使用递减的颜色"按钮 ▣，将"从"颜色设置为（M100，Y100），将"到"颜色设置为（C40，M100，Y100，K20），在属性栏"深度" ▣ 36 中输入 36，效果如图 7-107 所示。

（7）选取矩形，选择"立体化工具" ▣，将鼠标光标放置到文字上按下鼠标左键并向右上角拖动；释放鼠标后，单击属性栏中的"立体化颜色"按钮 ▣，在弹出的面板中激活"使用递减的颜色"按钮 ▣，将"从"颜色设置为（M100，Y100），将"到"颜色设置为（C40，M100，Y100，K20），在属性栏"深度" ▣ 43 中输入 43，效果如图 7-108 所示。

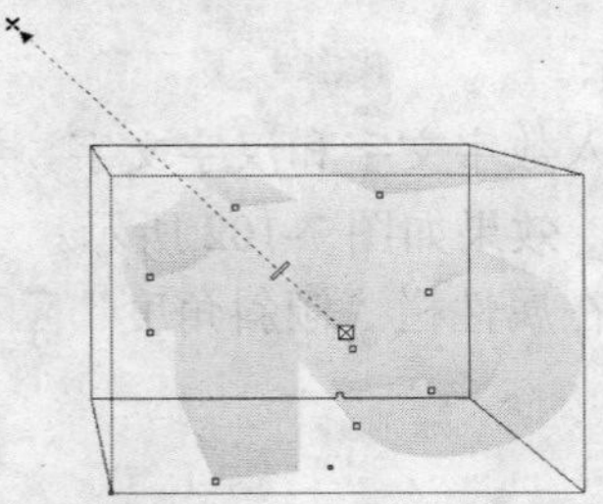

图 7-106　显示箭头

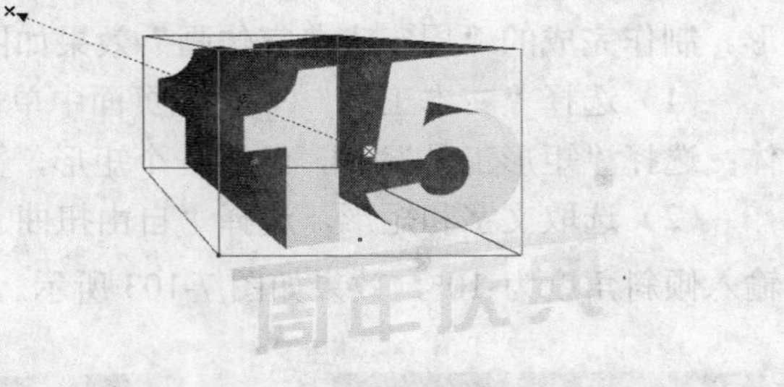

图 7-107　“15”立体化效果

（8）选取“周年庆典”文字，选择“立体化工具”，将鼠标光标放置到文字上按下鼠标左键并向右上角拖动；释放鼠标后，单击属性栏中的“立体化颜色”按钮，在弹出的面板中激活“使用递减的颜色”按钮，将“从”颜色设置为（M100，Y100），将“到”颜色设置为（C40，M100，Y100，K20），在属性栏“深度” 40 中输入 40，效果如图 7-109 所示。

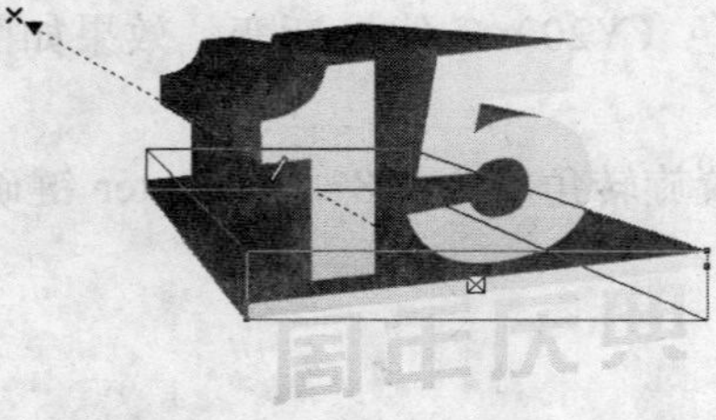

图 7-108　制作矩形的立体效果图

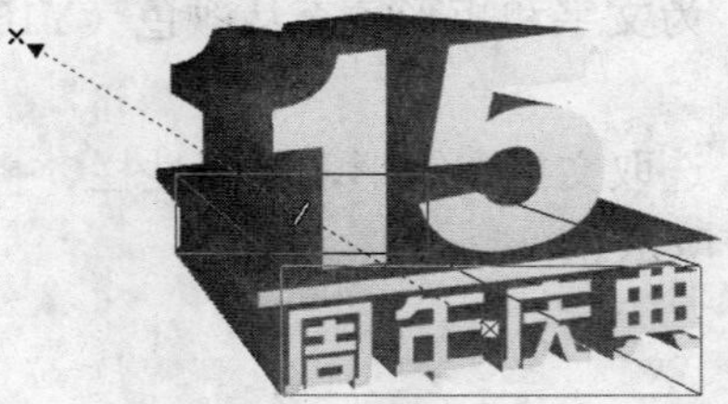

图 7-109　“周年庆典”立体化效果

- “深度” 20 表示图形的透视深度，数值越大，立体效果越强，不同深度的立体化效果如图 7-110 所示。
- “立体化类型”表示基本立体化的类型，分别选择不同类型可以出现不同的立体化效果，如图 7-111 所示。

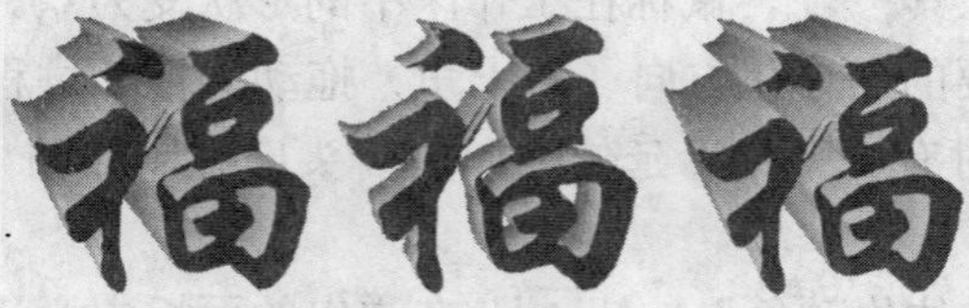

图 7-110　不同深度的立体化效果

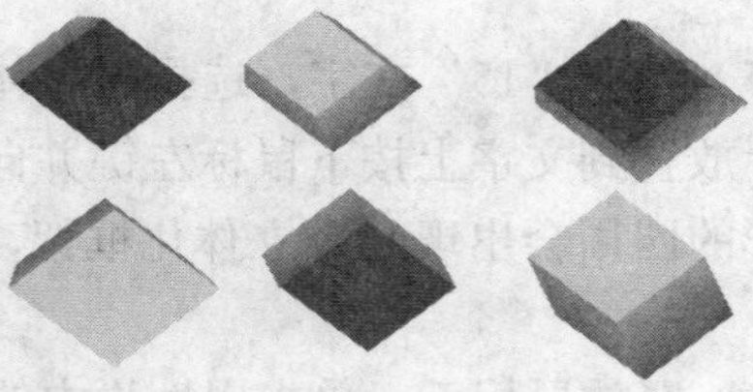

图 7-111　不同立体化类型的立体化效果

- 在属性栏中的“预设列表”下拉列表中 预设... 选择预设的立体化效果，如图 7-112 所示。单击预设框后面的按钮，可以添加或删除预设框中的立体化效果。
- 选择“立体化工具”，选中立体化图形，立体化图形上会出现控制线，拖动控制线上的滑动条，可以改变图形立体化的深度，如图 7-113 所示。拖动控制线上的灭点图标，可以改变图形立体化的位置，如图 7-114 所示。在属性栏中的“灭点属性” 锁到对象上的灭点 中可以设置灭点的属性。

图 7-112　预设立体化效果　　　　　　图 7-113　拖动滑动条改变立体化的深度

● 设置填充立体化对象的颜色，表示使用对象填充，表示使用纯色填充。表示使用递减的颜色，如图 7-115 所示。三种填充模式的立体化效果如图 7-116 所示。

图 7-114　拖动灭点图标改变立体化的位置　　　　图 7-115　立体化填充模式

图 7-116　三种填充模式的立体化效果

● 单击属性栏中的"立体化倾斜"按钮，弹出"斜角修饰"设置区，勾选"使用斜角修饰边"复选框，在 45.0° 中设置斜面的倾斜角的角度，在 2.0 mm 中设置深度，如图 7-117 所示。勾选"只显示斜角修饰边"复选框，将只显示立体化图形的斜角修饰边，如图 7-118 所示。

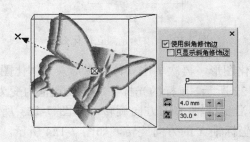　　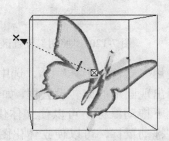

图 7-117　斜角修饰效果　　　　　　图 7-118　只显示斜角修饰边

选择"效果"|"立体化"命令，弹出"立体化"泊坞窗，选中"立体化斜角"按钮，也可设置立体修饰斜角，如图 7-119 所示，设置完毕，单击"应用"按钮，完成立体化图形斜角的修饰。

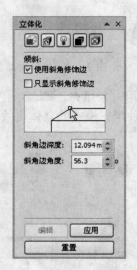 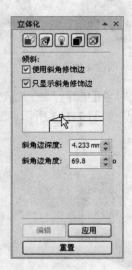

图 7-119　"立体化"泊坞窗

- 单击属性栏中的"立体化照明"按钮，弹出"照明"设置区，如图 7-120 所示，可以为立体化图形添加不同角度和强度的光照效果。在设置区中单击光源 1 按钮，在右边的显示框中出现光源 1，使用鼠标可以拖动光源 1 到新位置，在"强度"设置区中拖动滑动条，可以设置光源的强度；使用相同的方法可以同时设置 3 个光源；勾选"使用全色范围"复选框，可以使照明效果更加绚丽；设置好光源的立体化图形效果，如图 7-121 所示。

 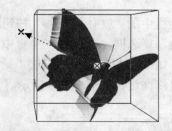

图 7-120　"照明"设置区　　　　图 7-121　添加光源立体化效果

- 使用"立体化工具"，选中立体化图形，再次单击立体化图形，立体化图形的周围出现圆形的旋转设置框，如图 7-122 所示。鼠标的光标在旋转设置框内变为状，上下拖动鼠标，可以使立体化图形沿坐标轴 Y 的方向旋转，如图 7-123 所示。左右拖动鼠标，可以使立体化图形沿坐标轴 X 的方向旋转，如图 7-124 所示。将鼠标的光标放在旋转设置框外，光标变为，拖动鼠标可以使立体化图形沿坐标轴 Z 的方向旋转，如图 7-125 所示。

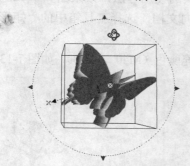

图 7-122 旋转立体化图形

图 7-123 沿坐标轴 Y 方向旋转

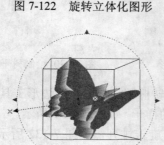

图 7-124 沿坐标轴 X 方向旋转

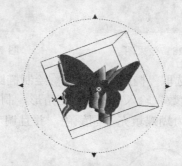

图 7-125 沿坐标轴 Z 方向旋转

- 使用"立体化工具"，选中立体化图形，单击属性栏中的"立体化方向"按钮，弹出旋转设置框，光标放在三维旋转设置区内会变为手形，拖动鼠标可以在三维旋转设置区中旋转图形，页面中的立体化图形会相应旋转，如图 7-126 所示。单击设置区中的按钮，设置区中出现"旋转值"数值框，可以精确地设置立体化图形的旋转数值，如图 7-127 所示。单击设置区中的按钮，可恢复为设置区的默认设置。

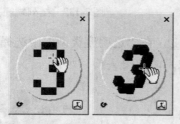

图 7-126 旋转设置

图 7-127 设置旋转值

7.8 实例：花蝴蝶（交互式透明工具）

使用"交互式透明工具"可使对象产生透明效果，整个过程类似于填充选定的对象，但实质上是在对象当前填充上应用了一个灰阶遮罩，而为透明度指定的任何颜色都将丢失。

下面将以"花蝴蝶"为例，讲解交互式透明工具的使用方法，效果图如 7-128 所示。

（1）选择"文件"|"新建"命令，新建一个竖向文档，选择工具箱中的"矩形工具"，参照图 7-129 所示绘制矩形。

（2）选取"贝塞尔工具" 绘制树干，并为其填充颜色（M40，Y20），如图 7-130 所示。

图 7-128　效果图　　　　　　图 7-129　绘制矩形　　　　图 7-130　绘制树干并填充颜色

（3）选取"椭圆形工具" 绘制椭圆，复制并旋转椭圆，选取"多边形工具" ，在"点数或边数"输入 3，绘制三角形，制作出蝴蝶的的样子，如图 7-131 所示。

（4）为蝴蝶填充不同颜色，并且调节大小，进行旋转排列，如图 7-132 所示。

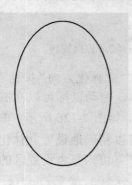

图 7-131　绘制蝴蝶图形　　　　　　　　　　图 7-132　排列蝴蝶并填充不同颜色

（5）全选图形，选取"交互式透明工具" ，在"透明度类型"中选择"标准"，"开始透明度"选择"20"，为图形创建标准透明效果，如图 7-133 所示。

图 7-133　为蝴蝶创建标准透明效果 1

（6）复制并排列蝴蝶图形，然后选取"交互式透明工具" ，全选复制的图形，在"透明度类型"选择"标准"，"开始透明度"选择"60"，为图形创建标准透明效果，如图 7-134 所示。

图 7-134　为蝴蝶创建标准透明效果 2

（7）选取"文本工具" ⊞ 输入文字"Ant"，然后选取"交互式透明工具" 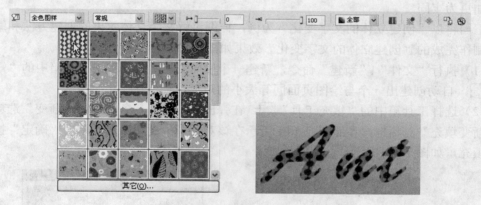，在"透明度类型"选择"全色图样"，如图 7-135 所示。

图 7-135　为蝴蝶创建全色图样透明效果

（8）选取"交互式阴影工具" ⊡ 为文字添加阴影效果，完成"花蝴蝶"的制作，如图 7-136 所示。

（9）在属性栏"透明类型" 线性 中选择一种透明类型，可以创建出不同的效果，如图 7-137、图 7-138 所示；在"透明中心点" 100 中可调节透明度，0 为不透明，100 为全部透明；单击"冻结"按钮 可以冻结透明度效果，冻结后的对象作为一组独立的对象；在"透明操作" 正常 中可选择一种透明样式。

图 7-136　为文字添加阴影效果

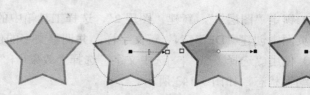

图 7-137　标准、射线、圆锥、方角类型的透明效果

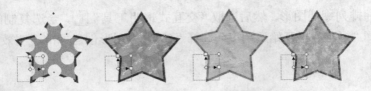

图 7-138 双色图样、全色图样、位图图像、底纹的透明效果

使用"交互式透明工具" ☑创建对象透明度后，拖动图形上的白色方框，可以改变透明效果的强弱和边界大小。使用鼠标拖动白色方框与黑色方框之间的滑块，可以改变透明效果的应用范围。

7.9　实例：创建立体的文字变化（编辑立体化工具）

本课之前的内容中已经向读者介绍过如何利用"立体化工具" ☑创建出精美的立体效果。本实例将继续为读者讲解"立体化工具" ☑的具体使用方法，使读者对该工具的了解和认知更为牢固。

下面将以"创建立体的文字变化"为例，详细讲解文字立体效果的创建方法和编辑技巧，制作完成的"创建立体的文字变化"效果如图 7-139 所示。

（1）执行"文件"|"新建"命令，新建一个横向文档，然后双击工具箱中的"矩形工具" ☑，自动创建出一个与绘图页面同等大小的矩形。

（2）选择工具箱中的"填充工具" ☑，在弹出的工具展示条中选择"渐变"选项，打开"渐变填充"对话框，参照图 7-140 所示在该对话框中设置参数，单击"确定"按钮后完成填充，如图 7-141 所示。

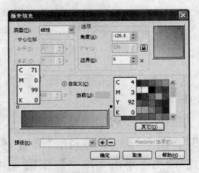

图 7-139　完成效果图　　　　　　　　图 7-140　"渐变填充"对话框

（3）锁定"图层 1"，新建"图层 2"，选择工具箱中的"文本工具" ☑，参照图 7-142 所示在页面中创建 'DESIGN' 英文字样，并调整文字的位置到页面中心。

（4）使用"选择工具" ☑选中文字，选择"效果"|"添加透视"命令，使文字对象进入透视编辑状态，如图 7-143 所示。

（5）使用"形状工具" ☑拖动四个角的控制柄，改变文字的透视角度，如图 7-144 所示效果。

图 7-141 渐变填充效果

图 7-142 创建 'DESIGN' 英文字样

图 7-143 进入透视编辑状态

图 7-144 透视效果

（6）选择"填充工具" <img>，在弹出的列表中选择"渐变"选项，打开"渐变填充"对话框，参照图 7-145 所示设置由浅绿色（C52，Y100）到白色的自定义线性渐变色，单击"确定"按钮后完成渐变填充，效果如图 7-146 所示。

图 7-145 "渐变填充"对话框

图 7-146 完成渐变填充

（7）选择工具箱中的"调和工具" <img>，在弹出的工具展示条中选择"立体化工具" <img>，此时，光标发生变化，如图 7-147 所示，然后从文字中心向左下方随意拖动一定角度，为文字添加立体效果，如图 7-148 所示。

图 7-147 观察光标变化

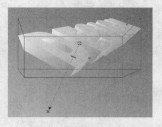

图 7-148 创建初步的立体效果

（8）单击立体化工具属性栏中的"立体化方向"按钮，弹出如图 7-149 所示的面板，单击面板右下角的按钮，将转换为"旋转值"面板，参照图 7-150 所示在其中设置参数。

（9）单击"旋转值"面板右下角的按钮，返回到原来的"立体化方向"面板，如图 7-151 所示，设置完毕后的立体效果如图 7-152 所示。

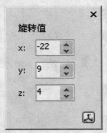

图 7-149　立体化方向面板　　　　图 7-150　设置旋转值　　　　图 7-151　面板中的效果变化

（10）参照图 7-153 所示在立体化工具属性栏中设置"深度"参数，对字体的立体化效果进行修改。

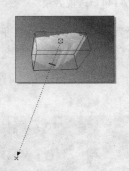
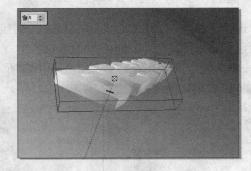

图 7-152　立体效果　　　　　　　图 7-153　修改立体化的深度

（11）单击立体化工具属性栏中的"立体化颜色"按钮，弹出如图 7-154 所示的面板，单击"使用递减的颜色"按钮，面板中的内容将发生转变，如图 7-155 所示。

（12）单击上方色块右侧的下拉箭头，显示出色板，如图 7-156 所示，然后单击"其他"按钮，弹出"均匀填充"对话框，参照图 7-157 所示在其中设置颜色。

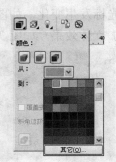

图 7-154　"颜色"面板　　　　图 7-155　使用递减的颜色　　　　图 7-156　显示色板

（13）单击"确定"按钮，完成设置，然后以相同操作设置下方色块的颜色（C14，Y78），如图 7-158 所示，调整后的立体效果如图 7-159 所示。

图 7-157 "均匀填充"对话框   图 7-158 设置颜色   图 7-159 调整颜色后的立体效果

（14）最后对文字的立体效果进行整体上大小及位置的调整，完成实例的制作。

7.10 实例：创建光感字效（创建交互式透明效果）

读者在本课前面的内容中已经了解到，使用"透明工具"☑可以为对象添加透明效果，而透明效果的使用在平面设计中是比较常见的。在本实例中，将以具体的例子对"透明工具"☑进行更为具体的讲解。

下面将以"创建光感字效"为例，详细讲解"透明工具"☑是如何使用的，制作完成的效果如图 7-160 所示。

（1）选择"文件"|"新建"命令，新建一个横向文档，然后双击工具箱中的"矩形工具"▢，自动创建一个与页面大小相同的矩形，填充深蓝色（C96，M72，Y42，K10），如图 7-161 所示。

图 7-160 完成效果图   图 7-161 绘制矩形

（2）双击工具箱中的"矩形工具"▢，再次创建一个与页面同等大小的矩形。

（3）使用"矩形工具"▢在页面中绘制矩形，在属性栏中的"页面度量"参数栏中输入 297mm 和 10mm，按 Enter 键确认，然后为矩形填充蓝色（C93，M40，Y1），并取消轮廓线的填充，如图 7-162 所示。

（4）选择新创建的两个矩形，选择"排列"|"对齐和分布"|"顶端对齐"命令，调整矩形的位置，如图 7-163 所示。

（5）选择页面中的小矩形，选择"窗口"|"泊坞窗"|"变换"|"位置"命令，打开"转换"对话框，参照图 7-164 所示设置"垂直"选项参数，然后单击"应用"按钮 16 次，得到 16 个矩形的副本图形，如图 7-165 所示。

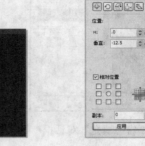

图 7-162　绘制矩形　　　　　图 7-163　调整矩形的位置　　　　图 7-164　"转换"对话框

（6）选择所有蓝色矩形，选择"效果"|"图框精确剪裁"|"放置在容器中"命令，单击依照绘图页面尺寸绘制的无色矩形，完成图框精确剪裁，然后锁定"图层 1"，新建"图层 2"，选择工具箱中的"文本工具" 字，在页面中输入"LOVE"字样，如图 7-166 所示。

（7）选择工具箱中的"椭圆形工具" ○，在页面中绘制椭圆形，填充白色并取消轮廓线的颜色填充，然后使用"选择工具" ↖ 调整椭圆形位置，如图 7-167 所示。

图 7-165　16 个矩形　　　　　图 7-166　创建文字　　　　　图 7-167　绘制椭圆形

（8）选择创建的文本，按快捷键 Ctrl＋Q 将文本转换为曲线图形，选择"形状工具" ↖，这时图形边框呈虚线显示，如图 7-168 所示，然后在"L"字样左下角椭圆形与文字图形的交叉点上双击添加节点，如图 7-169 所示。

（9）选择"L"字样左下角的节点，然后按下键盘上的 Delete 键进行删除，如图 7-170、图 7-171 所示。

图 7-168　文字边缘呈虚线显示　　　图 7-169　添加节点　　　　　图 7-170　选中节点

（10）使用相同的方法调整"E"字样图形的左上角和左下角的节点（在此为方便读者查看，将添加的节点全部选中），以修饰图形，如图 7-172、图 7-173 所示。

图 7-171　删除节点

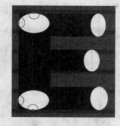
图 7-172　添加节点

图 7-173　删除节点

（11）选择页面中的文字图形和绘制的椭圆形，单击属性栏中的"焊接"按钮，将选择的图形焊接在一起，如图 7-174 所示。

（12）选择工具箱中的"阴影工具"，在页面中单击并拖动鼠标，以添加阴影效果，如图 7-175 所示。

图 7-174　焊接图形

图 7-175　创建阴影效果

（13）在属性栏中单击"羽化方向"按钮，弹出"羽化方向"面板，在其中选择"向外"按钮，调整阴影的羽化方向，如图 7-176、图 7-177 所示。

图 7-176　"羽化方向"面板

图 7-177　调整羽化方向后的效果

（14）参照图 7-178 所示在属性栏中继续设置"阴影羽化"参数，设置完毕后，得到图 7-179 所示的效果。

图 7-178　阴影工具属性栏

（15）选择文字图形，按快捷键 Ctrl＋C 复制并按快捷键 Ctrl＋V 粘贴图形，然后选择工具箱中的"填充工具"，在弹出的工具展示条中选择"渐变"选项，通过在"渐变填充"对话框中的设置，为复制的图形添加渐变填充效果，如图 7-180、图 7-181 所示。

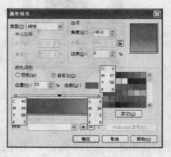

图 7-179　调整阴影羽化后的效果　　图 7-180　"渐变填充"对话框　　图 7-181　渐变填充效果

（16）按下小键盘上的"＋"键，复制文字图形，使用"矩形工具"在绘图页面中绘制矩形，如图 7-182 所示，然后选择矩形和复制的图形，选择"排列"|"造形"|"移除前面对象"命令，修剪图形，并为修剪后的图形填充白色，效果如图 7-183 所示。

（17）选择工具箱中的"形状工具"，参照图 7-184 所示对白色部分文字图形的外观进行调整。

图 7-182　绘制矩形　　　　图 7-183　修剪图形　　　　图 7-184　调整图形

（18）选择工具箱中的"透明工具"，在页面中单击并拖动鼠标，为图形添加交互式透明效果，并通过拖动中间滑杆调整透明程度，如图 7-185 所示。

（19）再次复制整体的文字图形，使用"矩形工具"在绘图页面中绘制矩形，如图 7-186 所示，然后选择矩形和复制的图形，选择"排列"|"造型"|"移除前面对象"命令，修剪图形，并为修剪后的图形填充黄色，效果如图 7-187 所示。

图 7-185　为图形添加透明效果　　图 7-186　绘制矩形　　　　图 7-187　修剪图形

（20）选择工具箱中的"形状工具"，参照图 7-188 所示对白色部分文字图形的外观进行调整。

（21）选择工具箱中的"透明工具"，在页面中单击并拖动鼠标，为图形添加交互式透明效果，并通过拖动中间滑杆调整透明程度，如图 7-189 所示。

图 7-188　调整图形外观

图 7-189　为修剪后的图形添加透明效果

7.11　实例：趣味的字体设计（创建交互式调和效果）

读者在本课前面的内容中已经了解到，使用"调和工具"可以为对象添加颜色之间的调和效果，下面将以"趣味的字体设计"为例，进一步讲解"调和工具"的使用方法，制作完成的效果如图 7-190 所示。

（1）选择"文件"|"新建"命令，在属性栏中单击"横向"按钮，新建横向文档，双击工具箱中的"矩形工具"，绘制出与绘图页面同等大小的一个矩形，单击"填充工具"，在其下拉列表中选择"底纹"选项，打开"底纹填充"对话框，参照图 7-191 所示设置各项参数，单击"确定"按钮后完成填充，如图 7-192 所示。

图 7-190　完成效果图

图 7-191　"底纹填充"对话框

（2）选择工具箱中的"调和工具"，在弹出的工具列表中选择"透明工具"，参照图 7-193 所示参数对所绘制的矩形进行操作。

（3）再次双击工具箱中的"矩形工具"，绘制出与绘图页面同等大小的矩形，单击工具箱中的"填充工具"，在其下拉列表中选择"均匀填充"选项，打开"均匀填充"对话框，在"模型"选项卡的颜色下拉列表中将颜色模式改为"RGB"，将颜色设置为冰蓝色（C40），单击"确定"按钮填充矩形，效果如图 7-194 所示。

图 7-192　底纹填充效果

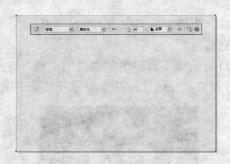

图 7-193　添加透明效果

（4）新建"图层 2"，选择工具箱中的"手绘工具" ，绘制主体英文"CAT"的部分轮廓，在属性栏中设置"轮廓宽度"参数为 0.2 毫米，轮廓色设置为黑色，效果如图 7-195 所示。

（5）使用"手绘工具" 完成字母轮廓的绘制，使用"选择工具" 将画面中间的"A"字母的两部分曲线选中，然后选择"排列"|"造型"|"移除前面对象"命令，使字母"A"的中间镂空，效果如图 7-196 所示。

图 7-194　绘制矩形并填充颜色

图 7-195　绘制英文部分轮廓

图 7-196　镂空效果

（6）使用"选择工具" 选择 3 个字母图形，设置颜色为橘红色（M87，Y96），然后取消轮廓线的填充，效果如图 7-197 所示。

（7）使用"手绘工具" 继续绘制图形，然后使用"形状工具" 对图形进行调整，填充颜色为橙色（C1，M27，Y78），并取消轮廓线的填充，效果如图 7-198 所示。

（8）使用"手绘工具" 继续绘制图形，并进行调整，然后为所绘制图形设置填充颜色为黄色（Y100），并取消轮廓线的填充，效果如图 7-199 所示。

图 7-197　为字母图形填充颜色

图 7-198　继续绘制图形

图 7-199　完成基本图形绘制

（9）选择工具箱中的"调和工具" ，单击字母"C"中的橘红色对象水平拖动至橙色对象，为两对象添加交互式调和效果，然后再单击调和好的部分水平拖动至黄色对象，至此将 3 个对象调和，如图 7-200、图 7-201 所示。

（10）使用"调和工具"  参照步骤（9）中的方法为剩余两个字母添加交互式调和效果，如图 7-202 所示。

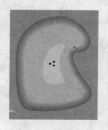

图 7-200　调和过程　　　　图 7-201　调和结果　　　图 7-202　为其他对象添加交互式调和效果

（11）使用"手绘工具" 绘制字母高光效果，填充颜色为白色，并取消轮廓线的填充，效果如图 7-203 所示。

（12）选择"透明工具" ，在属性栏中将"透明度类型"设置为"线性"，按照如图 7-204 所示设置"角度和边界"参数，其他参数不变，对所绘制对象进行操作。

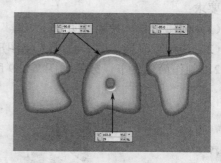

图 7-203　绘制高光效果　　　　　　图 7-204　调整高光图形的透明度

（13）使用"手绘工具" 绘制与字母相同的图形将原图形覆盖，参照图 7-205 所示在"底纹填充"对话框中为图形设置填充图案，并取消轮廓线的填充，效果如图 7-206 所示。

图 7-205　"底纹填充"对话框　　　　图 7-206　底纹填充效果

（14）选择工具箱中的"透明工具" ，参照图 7-207 所示对所绘制对象进行参数设置，群组图形后，选择"排列"|"锁定对象"命令将其锁定，完成本实例的制作。

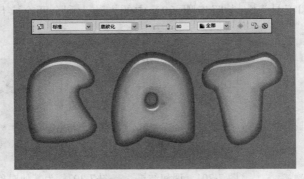

图 7-207　设置透明效果参数

课后练习

1. 为人物图形添加投影，效果如图 7-208 所示。

要求：

（1）创建背景，使用"贝塞尔工具" 绘制人物和藤蔓图形。

（2）使用"阴影工具" 为人物图形添加投影效果。

2. 制作简易贺卡，效果如图 7-209 所示。

图 7-208　效果图 1　　　　　　　　图 7-209　效果图 2

要求：

（1）创建背景，填充图样。

（2）使用"椭圆形工具" 和"贝塞尔工具" 创建主体图形。

（3）使用"透明工具" 为图形添加透明效果。

（4）使用"文本工具" 创建文字，使用"贝塞尔工具" 绘制直线并设置线型。

第 8 课
图形和图像处理

本课知识结构

　　CorelDRAW X5 中针对图形和图像的处理功能，使该软件的处理方法变得更为多样化。本章将学习如何应用 CorelDRAW X5 的强大功能来处理和编辑图形、图像。

就业达标要求

☆　掌握如何创建与编辑透视效果　　　　　☆　掌握如何调整图形和图像的色调

☆　掌握图框精确剪裁的方法　　　　　　　☆　掌握如何处理位图

☆　掌握如何使用透镜创建各种效果　　　　☆　掌握滤镜的使用方法

8.1　实例：信封设计（透视效果）

　　透视变形效果可以使对象的外观随着视野的变化而变化，从而产生距离感，在平面页面上产生三维效果。在 CorelDRAW X5 中应用"效果"|"添加透视"命令，可以对图形进行透视变形。

　　下面将以"信封设计"为例，详细讲解透视效果的创建方法和编辑技巧，制作完成的"信封设计"效果如图 8-1 所示。

　　（1）选择"文件"|"新建"命令，新建一个横向文档。选择工具箱中的"矩形工具"，参照图 8-2 所示绘制一个矩形，填充绿色（C100，Y100），并取消轮廓线的填充。

图 8-1　完成效果图　　　　　　　　　　　图 8-2　绘制矩形

（2）选择绘制的矩形，拖动矩形的同时右击鼠标，释放鼠标后，将该图形复制。使用相同的方法，继续复制并创建多个矩形，如图 8-3 所示。

（3）将复制的多个矩形选中，单击属性栏中的"对齐和分布"按钮，打开"对齐与分布"对话框，参照图 8-4 所示在"对齐与分布"对话框中进行设置，单击"应用"按钮，对齐对象，效果如图 8-5 所示。

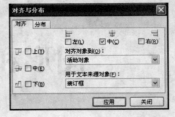 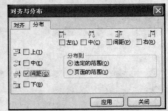

图 8-3　复制多个矩形　　　　　　　　　　图 8-4　"对齐与分布"对话框

（4）保持矩形图形的选中状态，单击属性栏中的"合并"按钮，将矩形焊接在一起，如图 8-6 所示。

（5）选择"效果"|"添加透视"命令，这时图形呈编辑状态，如图 8-7 所示。

图 8-5　对齐对象　　　　　　图 8-6　焊接图形　　　　　　图 8-7　编辑图形

（6）当移动鼠标到方形四个角的节点位置时，鼠标变为状态，这时在视图中单击并拖动鼠标，即可编辑图形的透视效果，如图 8-8 所示。

（7）选择工具箱中的"矩形工具"，参照图 8-9 所示在视图所示位置绘制矩形。

图 8-8　编辑透视效果　　　　　　　　　　图 8-9　绘制矩形

（8）选中刚刚绘制的矩形和透视图形，单击属性栏中的"移除后面对象"按钮，修剪图形，并为图形填充绿色（C100，Y100），取消轮廓线的填充，如图 8-10 所示。

（9）最后使用工具箱中的"文本工具"在视图中输入文本"阳光能源"，完成本实例的操作，效果如图 8-11 所示。

图 8-10　修剪图形

图 8-11　输入文本

8.2　实例：苏荷影像（图框精确剪裁）

将图形或图像置于指定的图形或文字中，使其产生蒙版效果，称为图框精确剪裁，该操作有点类似人们通过照相机的取景框看景物。创建图框精确剪裁操作时，需要两个对象，一个作为容器，它必须是封闭的曲线对象，另一个作为内置的对象。

下面将以"苏荷影像"为例，详细讲解图框精确剪裁功能是如何使用的，制作完成的效果如图 8-12 所示。

1．对象的排序

（1）选择"文件"|"新建"命令，新建一个横向文档。双击工具箱中的"矩形工具"，自动创建一个与页面大小相同的矩形，填充洋红色（C6，M90，Y32），如图 8-13 所示。

图 8-12　完成效果图

图 8-13　绘制矩形

（2）选择"排列"|"锁定对象"命令，将矩形锁定，以方便接下来的图形绘制，如图 8-14 所示。

（3）选择工具箱中的"文本工具"，参照图 8-15 所示在视图中输入文本"SOHO"。

（4）按下小键盘上的"＋"键将文本"SOHO"复制。单击工具箱中的"轮廓工具"，在弹出的工具展示栏中选择"轮廓笔"选项，打开"轮廓笔"对话框，参照图 8-16 所示，设置对话框参数，为复制的文本添加描边效果，如图 8-17 所示。

（5）参照图 8-18 所示，调整描边文本"SOHO"到原文本下方偏右位置，得到投影效果。

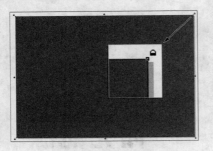

图 8-14 锁定对象

图 8-15 输入文本

图 8-16 "轮廓笔"对话框

图 8-17 设置描边效果

图 8-18 调整文本位置得到投影效果

（6）选择"文件"|"导入"命令，打开"导入"对话框，选择配套资料\Chapter-08\素材\"纹样.jpg"文件，如图 8-19 左图所示。单击"导入"对话框中的"导入"按钮，关闭对话框。这时在视图中单击，将导入的素材图像放入视图中，如图 8-19 右图所示。

图 8-19 "导入"对话框

（7）选择"效果"|"图框精确剪裁"|"放置在容器中"命令，这时鼠标为➡状态，效果如图 8-20 所示。单击文本"SOHO"，创建图框精确剪裁效果，此时因为图片的位置在文字旁边，文字还是显示为空白。

图 8-20　鼠标状态

（8）在文字上右击，在弹出的快捷菜单中选择"编辑内容"命令，显示出文字剪裁内的图像，效果如图 8-21 所示。

（9）使用"选择工具"拖动花纹图像，将图像放置在文字的正上方，如图 8-22 所示效果。

图 8-21　编辑内容

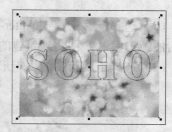

图 8-22　移动图像位置

（10）然后再次在文字上右击，在弹出的快捷菜单中选择"结束编辑"命令，创建出图 8-23 所示的效果。

（11）选择工具箱中的"文本工具"，在视图中输入相关装饰文本。然后使用"矩形工具"在文本"全球华人摄影机构"下方绘制黑色衬底效果，如图 8-24 所示，完成本实例的操作。

图 8-23　创建图框精确剪裁

图 8-24　添加文本

8.3　实例：我的潮流装备（透镜效果）

透镜效果是指对象模拟相机镜头创建的特殊效果，可以通过透镜来改变对象的外观。CorelDRAW X5 提供了多种透镜，每一种透镜会产生不同的效果。

下面将以"我的潮流装备"为例，详细讲解透镜的操作方法，完成效果如图 8-25 所示。

（1）选择"文件"|"新建"命令，新建一个横向文档。双击工具箱中的"矩形工具"，自动创建一个与页面大小相同的矩形，填充黄色（Y100），如图 8-26 所示。

图 8-25　完成效果图

图 8-26　绘制黄色矩形

（2）选择配套资料\Chapter-08\素材\"我的潮流生活.cdr"文件，打开素材文件，将群组后的图形复制并粘贴到新建的文档中，效果如图 8-27 所示。

（3）选择工具箱中的"矩形工具"，在视图中绘制一个椭圆，如图 8-28 所示。

图 8-27　添加素材文件

图 8-28　绘制椭圆

（4）执行"效果"|"透镜"命令，打开"透镜"泊坞窗，如图 8-29 所示。当前绘制的椭圆为选择状态，所以泊坞窗中显示的该圆为透镜形状。

（5）在"透镜"泊坞窗中选择"鱼眼"选项，再单击"应用"按钮，为图形添加透镜效果，效果如图 8-30 所示。

图 8-29　"透镜"泊坞窗

图 8-30　添加透镜效果

（6）最后将椭圆的黑色轮廓线取消，完成实例的制作，如图 8-31 所示。

图 8-31　取消轮廓线填充

8.4　实例：制作时尚纹样（图形、图像色调调整）

在 CorelDRAW X5 中，可以随意针对图形或图像的颜色进行调整，控制绘图中对象的阴影、色彩平衡、颜色的亮度等，恢复阴影或高光中的缺失以及校正曝光不足或曝光过度现象，从而得到合适的图形、图像色调。

下面将以图 8-32 所示的图形为例，详细讲解图形、图像色调调整的操作方法。

1．色度/饱和度/亮度

（1）选择"文件"|"新建"命令，新建一个横向文档，双击工具箱中的"矩形工具"▢，自动创建一个与页面大小相同的矩形，填充黄色（Y100），并调整该图形与页面中心对齐，如图 8-33 所示。

图 8-32　效果图

图 8-33　创建矩形

（2）按下小键盘上"＋"将刚刚绘制的黄色矩形复制。单击工具箱中的"填充工具"◇，在弹出的工具展示栏中选择"PostScript 填充"，打开"PostScript 底纹"对话框，参照图 8-34 所示在对话框中进行设置，单击"确定"按钮，关闭对话框，得到图 8-35 所示效果。

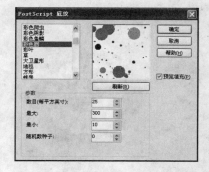

图 8-34　"PostScript 底纹"对话框

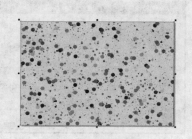

图 8-35　添加图案填充

（3）保持图形的选择状态，选择工具箱中的"透明度工具"　　，在属性栏内"透明度类型"下拉列表中选择"标准"选项，将"开始透明度"参数设置为 70%，效果如图 8-36 所示。

（4）选择"文件"｜"打开"命令，打开配套资料\Chapter-08\素材\"装饰图形.cdr"文件。然后复制装饰图形到正在编辑的文本中，调整图形大小与位置，如图 8-37 所示。

（5）参照图 8-38 所示，将小一些的装饰图形复制，并调整图形大小与位置。

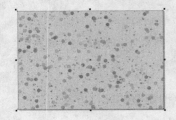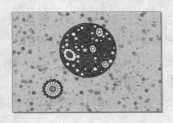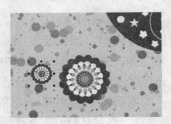

图 8-36　设置透明效果　　　　　图 8-37　添加素材图形　　　　　图 8-38　复制图形

（6）选择"效果"｜"调整"｜"色度/饱和度/亮度"命令，打开"色度/饱和度/亮度"对话框，参照图 8-39 所示在"色度/饱和度/亮度"对话框中进行设置，调整图形颜色，效果如图 8-40 所示。

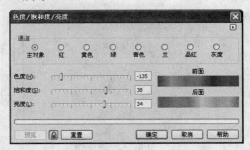

图 8-39　"色度/饱和度/亮度"对话框 1　　　　　图 8-40　调整后的效果

（7）按下小键盘上"＋"继续复制红色装饰图形。

（8）保持图形的选择状态，选择"效果"｜"调整"｜"色度/饱和度/亮度"命令，打开"色度/饱和度/亮度"对话框，参照图 8-41 所示在"色度/饱和度/亮度"对话框中进行设置，调整图形颜色，效果如图 8-42 所示。

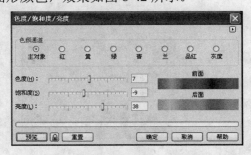

图 8-41　"色度/饱和度/亮度"对话框 2　　　　　图 8-42　调整图形颜色

（9）使用以上相同的方法，继续复制红色装饰图形，分别调整图形颜色、大小与位置，如图 8-43 所示。

2. 亮度/对比度/强度

（1）参照图 8-44 所示，将视图中的绿色装饰图形选中。

图 8-43 调整图形

图 8-44 选择图形

（2）选择"效果"|"调整"|"亮度/对比度/强度"命令，打开"亮度/对比度/强度"对话框，参照图 8-45 所示在对话框中设置参数，调整图形亮度对比度效果，如图 8-46 所示。

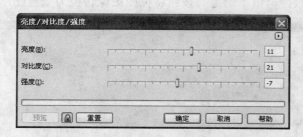

图 8-45 "亮度/对比度/强度"对话框

图 8-46 调整图形亮度对比度

8.5 实例：海报设计（位图处理）

CorelDRAW X5 虽然是以编辑矢量图形为主，但也具有很强的位图处理功能，可以使普通的素材，通过简单处理，得到意想不到的精美效果。此外，也可以将矢量图形转换为位图图像，然后再添加各种效果。

下面将以"海报设计"为例，为大家讲解位图处理的具体操作方法，完成效果如图 8-47 所示。

1. 亮度/对比度/强度

（1）选择"文件"|"新建"命令，创建一个宽度为 216mm、高度为 303mm 的新文档。双击工具箱中的"矩形工具"□，自动创建一个与页面相同大小的矩形，填充粉色（C1、M50、Y28），如图 8-48 所示。

（2）参照图 8-49 所示，为视图添加 3mm 参考线，在属性栏中可以精确设置参考线的位置。

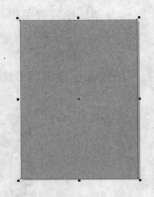

图 8-47　完成效果图　　　　　　图 8-48　绘制矩形　　　　　　图 8-49　添加参考线

（3）选择"文件"|"导入"命令，打开"导入"对话框，选择配套资料\Chapter-08\素材\"插画 01.jpg"文件，单击"导入"按钮，关闭对话框。这时在视图中单击将位图图像导入文档中，参照图 8-50 所示调整图像位置。

（4）选择"位图"|"轮廓描摹"|"高质量图像"命令，打开 PowerTRACE 对话框，参照图 8-51 所示在对话框中设置参数，单击"确定"按钮将位图图像转换为矢量图形。

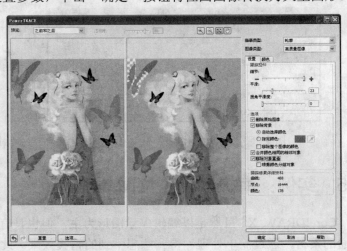

图 8-50　导入素材图像　　　　　　图 8-51　将位图转换为矢量图形

（5）按下小键盘上"＋"键将描摹后的矢量图形复制，如图 8-52 所示。

（6）选择"效果"|"调整"|"亮度/对比度/强度"命令，打开"亮度/对比度/强度"对话框，参照图 8-53 所示设置对话框参数，设置完毕后关闭对话框，调整图形颜色，效果如图 8-54 所示。

2．亮度/对比度/强度

（1）选择"文件"|"导入"命令，导入配套资料\Chapter-08\素材\"插画 02.jpg、插画 03.jpg"文件，如图 8-55、图 8-56 所示。

图 8-52　复制图形

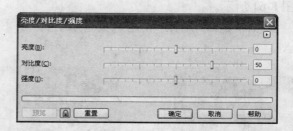

图 8-53　"亮度/对比度/强度"对话框

图 8-54　调整图形颜色

图 8-55　素材图像"插画 02"

图 8-56　素材图像"插画 03"

　　（2）选中"插画 02.jpg"素材图像，然后使用工具箱中的"形状工具" 将图像的 4 个节点选中，如图 8-57 所示。

　　（3）单击属性栏中的"转换为曲线"按钮 ，将直线转换为曲线，在属性栏中单击"平滑节点"按钮 ，效果如图 8-58 所示。

　　（4）选择工具箱中的"形状工具" ，在曲线上双击，即可添加节点，如图 8-59 所示。

　　（5）参照图 8-60 所示，使用工具箱中的"形状工具" 调整节点位置，得到女孩图像初步的轮廓形状。

图 8-57　将图像中的节点选中

图 8-58　平滑节点

图 8-59　添加节点

（6）接下来使用相同的方法，使用"形状工具" 调整图像细节位置，将白色背景隐藏，如图 8-61 所示。

（7）参照图 8-62 所示，使用"贝塞尔工具" 分别在视图中围绕白色背景绘制曲线图形。

图 8-60　调整节点位置　　　　图 8-61　隐藏白色背景　　　　图 8-62　绘制曲线图形

（8）选择刚刚绘制的曲线图形和素材图像，单击属性栏中的"修剪"按钮 ，修剪图像为镂空效果，如图 8-63 所示。

（9）选择工具箱中的"矩形工具" ，在视图中绘制矩形，如图 8-64 所示。然后使用工具箱中的"形状工具" 调整矩形的直角为圆角，效果如图 8-65 所示。

 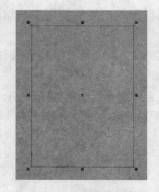 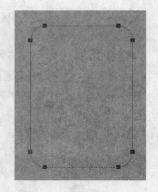

图 8-63　修剪图形　　　　图 8-64　绘制矩形　　　　图 8-65　调整矩形的直角为圆角

（10）参照图 8-66 所示，调整圆角矩形的排列顺序和位置，为其填充黄色（Y100），并取消轮廓线的填充。

（11）使用工具箱中的"矩形工具" 继续在视图中绘制粉红色（M100）矩形，如图 8-67 所示。

（12）选择绘制的粉红色矩形和素材图像，选择"效果" | "图框精确剪裁" | "放置在容器中"命令，这时单击黄色圆角矩形，得到图 8-68 所示效果。

图 8-66　设置图形颜色

图 8-67　绘制矩形

（13）选择"效果"|"图框精确剪裁"|"编辑内容"命令，进入编辑状态，调整其位置，如图 8-69 所示。

图 8-68　图框精确剪裁

图 8-69　调整位置

（14）完成编辑后，在图像上右击，在弹出的快捷菜单中选择"结束编辑"命令，得到图 8-70 所示效果。

（15）使用以上相同的方法，继续对素材图像"插画 03.jpg"进行编辑，如图 8-71 所示。

（16）参照图 8-72 所示，调整素材图像的位置与大小，然后在视图底部绘制黑色（K90）矩形。

图 8-70　结束编辑

图 8-71　编辑图像

图 8-72　绘制矩形

（17）选择工具箱中的"文本工具" 字，在视图中输入文本"90 天成为插画高手"。双击状态栏中的"轮廓色"，打开"轮廓笔"对话框，参照图 8-73 所示，在对话框中设置参数，单击"确定"按钮完成设置，得到图 8-74 所示效果。

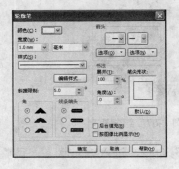

图 8-73 "轮廓笔"对话框

图 8-74 应用轮廓效果

（18）按下小键盘上的"＋"键复制文本"90 天成为插画高手"，为文本填充蓝色（C100），取消轮廓线的填充，调整文本位置，如图 8-75 所示。

图 8-75 复制及调整文本

（19）继续复制文本"90 天成为插画高手"，为其填充黄色（Y100），参照图 8-76 所示调整文本位置。

（20）使用相同的方法，使用工具箱中的"文本工具" 字在视图中输入相关文字信息，如图 8-77 所示。

图 8-76 调整文本

图 8-77 添加文字信息

8.6 实例：大风车（使用滤镜）

CorelDRAW X5 为用户提供了多种滤镜效果，主要包括三维效果、艺术笔触、模糊、相机、颜色转换、轮廓图等。利用这些滤镜，可以对位图进行各种效果的处理，为设计的作品增光添彩。

下面将以"大风车"为例，为大家讲解 CorelDRAW X5 中部分滤镜的具体使用方法，完成效果如图 8-78 所示。

1. 卷页效果

（1）选择"文件"｜"新建"命令，新建一个横向文档，双击工具箱中的"矩形工具"，自动创建一个与页面大小相同的矩形。

（2）单击工具箱中的"填充工具"，在弹出的工具展示栏中选择"图样填充"，打开"图样填充"对话框，参照图 8-79 所示在"图样填充"对话框中设置参数，单击"确定"按钮，为图形添加图案填充效果，如图 8-80 所示。

图 8-78　完成效果图　　　　　　　　　　　图 8-79　"图样填充"对话框

（3）选择"文件"｜"打开"命令，打开配套资料\Chapter-08\素材\"风景.cdr"文件。然后复制素材图形到正在编辑的文档中，如图 8-81 所示。

图 8-80　图案填充效果　　　　　　　　　　图 8-81　添加素材图形

（4）保持图形的选择状态，选择"位图"｜"转换为位图"命令，打开"转换为位图"对话框，参照图 8-82 所示设置对话框参数，将素材图形转换为位图，如图 8-83 所示。

（5）选择"位图"｜"三维效果"｜"卷页"命令，打开"卷页"对话框，如图 8-84 所示。在"卷页"对话框中设置参数，得到图 8-85 所示的卷页效果。

（6）参照图 8-86 所示，选择工具箱中的"形状工具"，调整节点位置，将视图中的白色背景隐藏。

图 8-82 "转换为位图"对话框

图 8-83 转换为位图

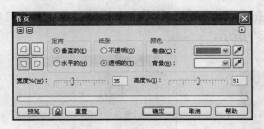

图 8-84 "卷页"对话框

图 8-85 添加卷页效果

2. 高斯模糊效果

（1）依照位图图像的轮廓绘制图形，为其填充黑色（K100），如图 8-87 所示。

图 8-86 隐藏白色背景

图 8-87 绘制图形

（2）保持黑色图形的选择状态，选择"位图"|"转换为位图"命令，打开"转换为位图"对话框，参照图 8-88 所示，将图形转换为位图，效果如图 8-89 所示。

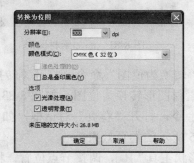

图 8-88 "转换为位图"对话框

图 8-89 将图形转换为位图

（3）选择"位图"|"模糊"|"高斯式模糊"命令，打开"高斯式模糊"对话框，设置"半径"参数为 20 像素，单击"确定"按钮完成设置，如图 8-90、图 8-91 所示。

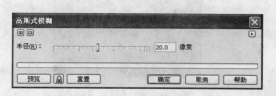

图 8-90　"高斯式模糊"对话框

图 8-91　添加模糊效果

（4）选择"排列"|"顺序"|"向后一层"命令，调整图像排列顺序，得到图 8-92 所示效果。

8.7　实例：民俗网站的界面设计（编辑位图）

利用滤镜可以创建出非常丰富的效果，下面将以"民俗网站的界面设计"为例，讲解具体如何使用滤镜，制作完成的效果如图 8-93 所示。

图 8-92　调整图像排列顺序

（1）选择"文件"|"新建"命令，新建一个绘图文档。单击工具栏中的"选项"按钮，打开"选项"对话框，设置参数如图 8-94 所示，单击"确定"按钮完成该命令。

图 8-93　完成效果图

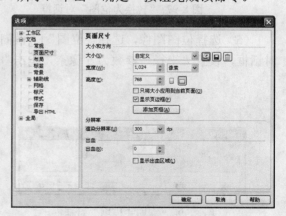

图 8-94　"选项"对话框

（2）双击工具箱中的"矩形工具" ，自动依照绘图页面尺寸创建矩形，为矩形填充深灰色（C76，M65，Y65，K32），如图 8-95 所示。

（3）使用"矩形工具" 在绘图页面中绘制矩形，在属性栏的"对象大小"参数栏中输入 773mm、768mm，按 Enter 键确认，为矩形填充深红色（C34，M98，Y97，K2），并取消轮廓线的填充，然后选择页面中的两个矩形，选择"排列"|"对齐和分布"|"垂直居

中对齐"命令，如图 8-96 所示。

图 8-95　依照绘图页面创建矩形

图 8-96　绘制及对齐矩形

（4）使用"矩形工具" 回绘制矩形，在属性栏中的"对象大小"参数栏中输入 760mm、800mm，按 Enter 键确认，填充黑色，并取消轮廓线的填充，然后调整矩形与图形水平居中，选择"位图"|"转换为位图"命令，打开"转换为位图"对话框，如图 8-97 所示，单击"确定"按钮完成转换，效果如图 8-98 所示。

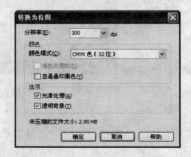

图 8-97　"转换为位图"对话框

图 8-98　将矩形转换为位图

（5）选择位图图像，选择"位图"|"模糊"|"高斯式模糊"命令，打开"高斯式模糊"对话框，设置"半径"参数为 5 像素，单击"确认"完成设置，如图 8-99、图 8-100 所示。

图 8-99　"高斯式模糊"对话框

图 8-100　为矩形添加高斯式模糊效果

（6）选择依照绘图页面尺寸创建的矩形，按下小键盘上的"＋"键，复制该矩形，取消颜色填充，并在"对象管理器"中调整矩形位置到位图的下面，选择位图图像，选择"效果"|"图框精确剪裁"|"放置在容器中"命令，单击矩形完成图框精确剪裁，如图 8-101 所示。

（7）使用"矩形工具" 回在绘图页面中绘制矩形，在属性栏中的"对象大小"参数栏中输入 734mm、768mm，按 Enter 键确认，为矩形填充深红色（C34，M98，Y97，K2），并取消轮廓线的填充，然后调整矩形到页面图形的水平居中位置，如图 8-102 所示。

图 8-101　图框精确剪裁

图 8-102　绘制矩形

（8）使用"矩形工具" □ 绘制两个不同大小的矩形，分别为矩形填充土黄色（C28，M43，Y75）和橘黄色（M80，Y96），然后参照图 8-103 所示调整图形的位置。

（9）选择填充橘黄色的矩形，按下小键盘上的"＋"键，复制该图形，并使用"填充工具" □ 为矩形进行图样填充，打开"图样填充"对话框，选择"位图"单选钮，在图样的下拉列表中选择木质图样，并设置"宽度"参数为 200px，"高度"参数为 200px，单击"确认"按钮完成图样填充，如图 8-104 所示。

图 8-103　为矩形填充颜色

图 8-104　图样填充

（10）选择图样填充的矩形，选择工具箱中的"交互式透明工具" □ ，为图形添加交互式透明效果，如图 8-105 所示。

（11）使用"矩形工具" □ 绘制矩形，然后为矩形填充褐色（C37，M58，Y84，K1），并取消轮廓线的填充，如图 8-106 所示。

图 8-105　添加透明效果

图 8-106　绘制矩形

（12）选择绘制的矩形，按小键盘上的"＋"键，复制矩形，使用"填充工具"  为矩形图样填充，打开"图样填充"对话框，选择"位图"单选钮，在图样的下拉列表中选择草地图样，单击"确认"按钮完成图样填充，如图 8-107 所示。

（13）选择工具箱的"交互式透明工具" ，为图样填充的矩形添加透明效果，如图 8-108 所示。

图 8-107　图样填充

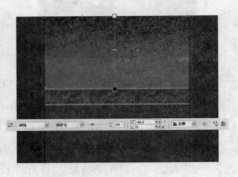

图 8-108　添加透明效果

（14）选择"文件"|"导入"命令，导入配套资料/Chapter-08/素材/"佛图片.jpg"文件，按 Enter 键，将导入的图像自动放到页面图形的中心位置，如图 8-109 所示。

（15）选择工具箱中的"形状工具" ，单击选择佛图片，这时该图像的边框呈虚线显示，调整图像虚线边框上的节点位置，隐藏部分图像，并参照图 8-110 所示调整图像的大小。

图 8-109　导入图像

图 8-110　调整图像大小

（16）选择工具箱中的"交互式透明工具" ，为佛图片添加透明效果，如图 8-111 所示。

（17）选择"文件"|"导入"命令，导入配套资料/Chapter-08/素材/"素材 01.jpg"文件，按 Enter 键，将导入的图像自动放到页面图形的中心位置，然后使用"形状工具" 调整图像边框上的节点位置，如图 8-112 所示。

（18）依照步骤（1）中添加的素材轮廓，绘制路径，在右侧调色板上单击黑色色块，为路径填充黑色，并取消轮廓线的填充，如图 8-113 所示。

（19）选择填充黑色的路径图形，将其转换为位图，并选择"位图"|"模糊"|"高斯

式模糊"命令,打开"高斯式模糊"对话框,设置"半径"参数为 10 像素,单击"确定"按钮添加高斯式模糊,然后在"对象管理器"中调整位图的位置到图像的下面,效果如图 8-114 所示。

图 8-111　添加透明效果

图 8-112　调整图像边框节点

　　(20)选择"文件"|"导入"命令,导入配套资料/Chapter-08/素材/"素材 02.jpg"文件,按 Enter 键,将导入的图像自动放到页面图形的中心位置,使用"形状工具" 调整图像边框上的节点位置,并调整图像位置,如图 8-115 所示。

图 8-113　创建路径

图 8-114　添加模糊效果

图 8-115　调整导入的图像

　　(21)选择工具箱中的"椭圆形工具" ,按住键盘上 Shift+Ctrl 键在页面中绘制正圆,并为正圆填充黑色,如图 8-116 所示,使用"文本工具" 在正圆中心位置输入"道"字样,设置文本颜色为白色,如图 8-117 所示,然后选择文字和正圆,单击属性栏中的"修剪"按钮 ,以修剪图形,效果如图 8-118 所示。

图 8-116　绘制正圆形

图 8-117　输入文字

图 8-118　修剪图形

（22）使用"贝塞尔工具" 在绘图页面绘制图 8-119 所示的图形，选择绘制的曲线图形，按快捷键 Shift＋G 将图形群组。

（23）选择群组的曲线图形，为图形填充白色，将轮廓线颜色也设置为白色，然后按下小键盘上的"＋"键，复制群组图形，并参照图 8-120 所示调整图形在页面中的位置。

图 8-119　绘制图形　　　　　　　　　　图 8-120　复制并调整图形

（24）使用工具箱中的"文本工具" 字 为页面添加文字信息，完成该作品的绘制，如图 8-121 所示。

图 8-121　添加文字

课后练习

1. 调整图形的色度，效果如图 8-122 所示。

原图　　　　　　　　　　图 8-88　效果图

图 8-122　调整图形的色度

要求：

（1）绘制花朵图形。

（2）通过选择"效果"|"调整"|"色度/饱和度/亮度"命令调整图形的色度。

2．创建手绘效果，如图 8-123 所示。

原图　　　　　　　　　　　　　效果图

图 8-123　手绘效果

要求：

（1）准备一幅素材图像并导入 CorelDRAW X5 中。

（2）选中图像，然后通过选择"位图"|"艺术笔触"|"印象派"命令，为图像添加手绘效果。

第 9 课
打印、条形码制作、网络发布

本课知识结构

利用 CorelDRAW X5，不仅可以创建出精美的矢量图形，并制作出美观的设计作品，也可以将作品发布到网络上，或直接打印出来作为印刷品。本章将带领读者一起来学习 CorelDRAW X5 中作品输出前的打印设置以及如何进行网络发布。

就业达标要求

   ☆ 掌握如何进行打印设置   ☆ 掌握如何制作条形码
   ☆ 掌握如何预览、缩放和定位打印文件   ☆ 掌握如何创建 HTML 文本

9.1　打印设置

在日常工作中，如果需要印刷大量的材料和特殊纸样的打印作业，用户可以使用 PostScript 激光打印机打印文档，它不需要复杂的颜色处理。相反的，如果是普通的打印作业，则可以使用彩色或黑白的桌面打印机来打印文档。

1. 设置打印选项

在打印之前必须选择适当的打印设备，并设置好它的属性以便能帮助确定正确的色彩。选择"文件"|"打印设置"命令，会打开如图 9-1 所示的对话框，单击右上角的"首选项"按钮，弹出用于设置设备选项属性的对话框，如图 9-2 所示。用户可以按照需要设置打印机的各项属性。

2. 配置打印设置

在打印之前，需要选择适当的打印设备并设置它的属性，因为打印机的安装是由操作系统控制的，而且每种类型的打印机有不同的设备属性，所以要参考打印机制造商的文档资料，以获得更多的安装和打印信息。选择"文件"|"打印"命令，会打开如图 9-3 所示的"打印"对话框。

图 9-1　"打印设置"对话框

图 9-2　位图图像

（1）常规：选中"打印到文件"复选框，可将图像打印到一个文件中，而不是传到打印机上。利用这个文件，就能在另一台电脑上打印出此绘图。用户在"打印范围"设置区域中可以设定打印的文件和页面。"打印类型"列表框是指将打印设置保存起来，以后用相同的方法打印时，就不需要再做设定，从其下拉框中选择即可。单击"另存为"按钮，弹出"设置另存为"窗口，如图 9-4 所示。在"份数"框中输入数值，即可设定要打印的份数。

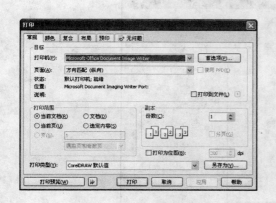

图 9-3　"打印"对话框

图 9-4　"设置另存为"对话框

（2）布局："布局"选项卡中的选项主要用于调整当前打印对象在页面中的布局，如图 9-5 所示。

对话框中各选项含义如下：

- 与文档相同：表示按照原图形大小打印图形，不可以改变图形大小。
- 调整到页面大小：表示不管打印的绘图比页面大还是小，都可能会改变它的尺寸，使它能在一个页面中打印出来。
- 将图像重定位到：表示改变要打印的对象在纸张中的位置和大小。在它旁边的下拉列表框中可以选择合适位置，如图 9-6 所示。

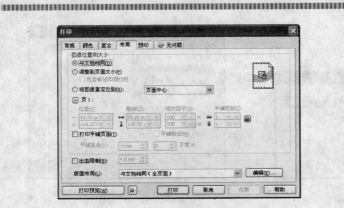

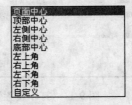

图 9-5 "布局"选项卡　　　　　　图 9-6　改变要打印的对象在纸张中的位置

- 打印平铺页面：如果要打印的图像比打印用的纸张大，可以将图像打印成平铺在纸张上的形式，选中"打印平铺页面"复选框，图像的各部分将打印在同一张纸上，然后再将它们拼接成一个完整的图像。键入页面大小的百分比，可以指定平铺重叠的程度。
- 版面布局：在"版面布局"下拉列表框中可以设定作品的版面布局，例如选择 N-UP 格式可以把几个页面打印在同一页面上且每个页面被放在同一个图文框中，各页被从左到右，从上到下依次排列，如图 9-7 所示。

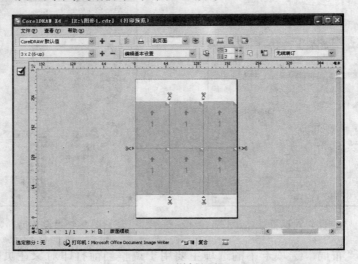

图 9-7　拼版打印

（3）颜色、复合：如果输出中心提交了彩色作业，那么就需要创建分色片，由于印刷机每次只在一张纸上应用一种颜色的油墨，因此分色片是不可缺少的，它是通过首次分离图像中的各颜色分量来创建的。印刷机使用专色而产生颜色，使用颜色的数目是决定使用哪种方法的主要因素。如果项目需要全部将绘图所用的颜色分色打印出来，就要使用 4 种颜色的油墨，这 4 种颜色分别为 C、M、Y、K。在印刷时，就由这些颜色的分色信息来合成所看到的彩图。因此，在印刷品中看到的颜色是由 C、M、Y、K 四种颜色的墨按不同的比例来合成的，其属性如图 9-8 所示。

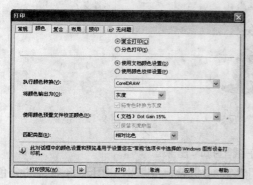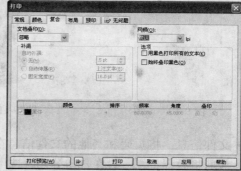

图 9-8　设置颜色、复合

- 选项：在"选项"设置区域中可设定颜色方式，有打印颜色分色、六色度图版、打印空图版三种可用方式。
- 补漏：在"补漏"设置区域中设定颜色补漏，用来打印每种颜色的印刷图版称做分色片，如果它们没有完全对齐就会产生颜色错位，通过有意识的把颜色重叠在一起可以进行颜色补漏。如果对象有一部分被其他对象遮盖，则这一部分不会被打印出来，但是如果将顶部的对象设定为叠印，则对象被掩盖的部分就会被打印出来，且不同的颜色之间就不会产生白色间隙了。

（4）预印：用户可以在印前设定一些打印的附加信息，如图 9-9 所示。

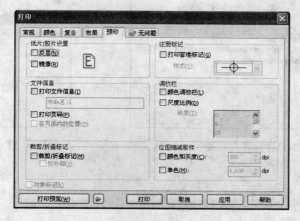

图 9-9　设置预印

对话框中各选项含义如下：

- 纸片/胶片设置：勾选"反显"复选框，可以将原色彩转换过来；"镜像"类似镜子的效果，如图 9-10～图 9-12 所示。

图 9-10 原图 　　　　　　图 9-11 反显 　　　　　　图 9-12 镜像

- 文件信息：将页码和其他的文件信息在纸上打印出来。
- 裁剪折叠标记：一般在打印分色时选用"裁剪/折叠标记"，它用于将多张的分色胶片套齐。
- 调校栏："调校栏"的作用是检查分色胶片和印刷品质量，对于要输出的绘图来说，应该选定这一项。

（5）在"无问题"选项卡中可以设置打印提示：打印提示可以检查出在打印中存在的问题，并给予提示和解决方法，如图 9-13 所示。单击右边的"设置"按钮可以设置它的默认配置，如图 9-14 所示。如果明白问题出现的原因，并认为它对打印没有实在的影响，可以选择"今后不检查此问题"复选框，忽略它的提示。

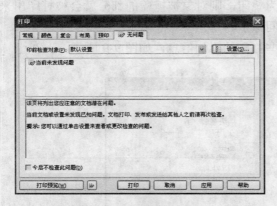

图 9-13 设置打印提示 　　　　　　图 9-14 印前检查设置

9.2　预览、缩放和定位打印文件

图像在正式打印之前，用户可以通过屏幕预览打印情况，满意之后再正式打印，也可以将需要打印输出的文件放大或重新定位。

1. 预览

用户可以用全屏"打印预览"来查看作品被送到打印设备以后的确切外观，"打印预览"显示出图像在纸张上的位置和大小，还会显示出打印机标记，如果使用边界框，对象会显示出待打印的图像边缘。设置预览打印效果的步骤如下。

选择"文件"|"打印预览"命令，可以显示对象的预览效果，如图 9-15 所示。

图 9-15　打印预览效果

图中所看到的就是打印出来的效果，所要打印出的整体内容可以被选取、移动、缩放。

选择"查看"|"显示图像"命令，可允许或不允许显示图像。

选择"查看"|"颜色预览"命令，可以选择图形不同的色彩显示，有自动、彩色和灰度三种。如果想研究颜色的分布，将单个的分色片显示成灰阶，而不是显示成彩色，可能会有帮助。但如果在白色的背景下就很难分辨出黄色，不过如果是少量的品红或青色在显示成灰阶时则比较容易分辨出来。

2. 缩放

如果使用全页面或手动拼版样式，则可以更改待打印的图形的位置和大小，如果打印的是位图，那么在更改图像大小时要当心。放大位图可能会使输出的作品呈现不清晰的锯齿状态或像素化。

- 缩放页面：利用此项功能，可以改变实际打印出的对象的大小，而不仅是屏幕显示的情况。选择"文件"|"打印预览"命令，打开预览界面，然后选择"查看"|"缩放"命令，弹出如图 9-16 所示的"缩放"对话框。在此，用户可以选择一个缩放级别，200%是放大，100%是原图大小，75%、50%、25%表示将对象缩小。单击"百分比"选项，在"百分比"框中输入数值，也可以调整对象大小。使用缩放工具还可以缩放对象的一部分，要想实现这一点，可以先单击选中"缩放工具" 🔍，然后单击要缩放的区域即可。

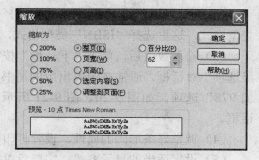

图 9-16　"缩放"对话框

- 在打印时调整图像的大小：利用该功能，能够改变打印作业中的每个页面的大小，而且不会影响原图形，用"挑选工具"单击预览的图像，在属性栏中的宽度和高度参数栏中键入数值即可。同时也可以通过在打印预览窗口中拖动手柄来改变图像的大小。
- 定位图像文件：可以更改打印作业中的图像的位置，而且不影响原图像，如果选用了手动版面样式可以在一张纸上放置几个页面，也可以对每个页面分别调整大小和定位。具体操作时，首先用"挑选工具"选定预览的图像，在属性栏中的左上角位置参数栏中键入数值即可，或者通过拖动图像中心的 X 图标将图像定位到所需的位置。

9.3　实例：制作条形码

条形码是一种先进的自动识别技术，利用条形码我们可以快速而准确地采集数据，目前，这种技术已被广泛使用。

下面编者将带领读者一起使用 CorelDRAW 软件制作条形码，完成效果如图 9-17 所示。

（1）选择"编辑"|"插入条码"命令，打开"条码向导"对话框，如图 9-18 所示。

图 9-17　完成效果图　　　　　　　　图 9-18　"条码向导"对话框

　　（2）在"从下列行业标准格式中选择一个"下拉列表中根据条形码向导选择条形码的类型格式，这里选择"ISBN"类型格式，在输入框中输入条形码的数值，如图 9-19 所示。

　　（3）输入数值后，单击"下一步"按钮，单击对话框右侧的"高级"按钮，弹出"高级选项"对话框，通常在国内出版的图书中，条形码的前缀都为"978"，所以此选择"附加 978"选项，如图 9-20、图 9-21 所示，然后单击"确定"按钮退出"高级选项"对话框。

　　（4）调整好条形码的属性，设置打印分辨率，如图 9-22 所示。

　　（5）设定适当的显示方式，完毕后单击"完成"按钮，即可完成条形码的制作。

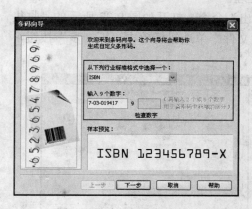

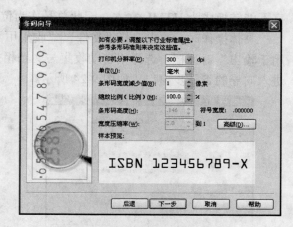

图 9-19　选择行业标准格式　　　　　　图 9-20　"条码向导"对话框

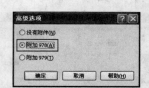

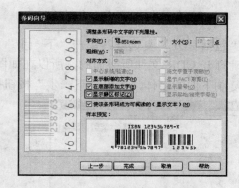

图 9-21　"高级选项"对话框　　　　　　图 9-22　调整条形码中文字的属性

（6）完成条形码的制作后可以将对象以 AI 格式导出，在工作区中可以作为普通的图形来调整和处理它。

"条形码向导"使用整个打印机像素作为测量单位，在计算"条宽"时它将查找与这些数字最接近的数值，如果在高分辨率的打印机上，调整像素可能不会明显地改变条宽，但是如果在低分辨率的打印机上，"条宽"会明显改变。当然我们可以在"条形码向导"中通过减少像素来调整"条宽"。

9.4　创建 HTML 文本

在 CorelDRAW X5 中，可以使用"创建网页兼容文本"命令来创建 HTML 文本，该命令是将标准的段落文本转换成为 HTML 格式，以便在 Web 上直接编辑文档。

1．HTML 格式

如果在将文本转换成为因特网文件格式之前不将段落文本转换成为 HTML 格式，那么转换为因特网文件格式时文件将转换成为位图，而且不能在 Web 浏览器中编辑，因为美术字不能转换成为 HTML 文本，因此总是作为位图处理。

具体操作时。首先选择"文件"|"收集用于输出"命令，打开如图 9-23 所示的"收集用于输出"对话框，选择"自动收集与文档相关的文件"单选钮后单击"下一步"按钮，进入向导的下一步窗口，如图 9-24 所示。

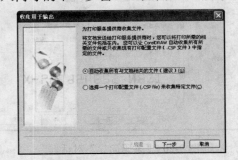

图 9-23　'配备"彩色输出中心"向导'对话框　　　　图 9-24　向导的下一步窗口

选择"包括 PDF"复选框，单击"下一步"按钮。包括文档字体和字体列表是"输出中心"正确打开 CDR 文件所必需的，所以在如图 9-25 所示的窗口中选中相应复选框，系统将自动复制下面的字体，单击"下一步"按钮指定文件，如图 9-26 所示。

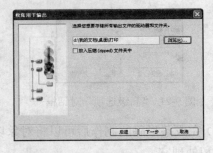

图 9-25　复制文档用于输出　　　　　　　　　图 9-26　指定文件

单击"浏览"按钮，选择文件所在的路径，"浏览文件夹"对话框如图 9-27 所示。选择合适的路径，然后单击"确定"按钮，关闭对话框，接下来系统检测并创建所需的文件后，会弹出如图 9-28 所示的对话框。选择文件后单击"完成"按钮，即可以完成文档的转换。

图 9-27　"浏览文件夹"对话框　　　　　　　　图 9-28　建立文件

2. 选择 HTML 格式输出操作

在 CorelDRAW 中完成图形作品之后，可以将图形输出，如果要将作品以 HTML 格式输出，首先应选择"工具" | "选项"命令，打开"选项"对话框，选择"导出 HTML"项，如图 9-29 所示。用户可以在"位置容限"、"图像空白区"、"位置空白区"三个编辑框中分别输入数值。

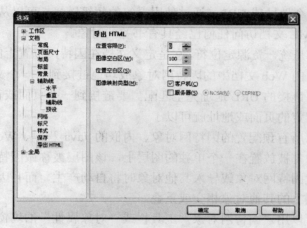

图 9-29　"选项"对话框

3. 设置预配置的 Internet 对象

在 CorelDRAW X5 中，可以对配置的 Internet 对象进行设置，还可以创建特殊的控制界面，以满足用户的需要。

在文本框中需配置的 Internet 对象处单击鼠标右键，弹出如图 9-30 所示的菜单。单击"属性"菜单项，弹出泊坞窗如图 9-31 所示。

图 9-30　配置的 Internet 对象的右键菜单　　图 9-31　"对象属性"泊坞窗

表示因特网，用户可以在其中进行设置；在"功能"下拉列表中有两种方式，分别是"链接"、"书签"；还可以在定义热点处定义对象的外形。链接是统一资源定位符，使用链接可以将一些书签或网址定义的对象链接起来。在下面的内容中将对它们的定义进行介绍。选择"交叉阴影"复选框，可以定义交叉剖面线颜色，选择"背景"复选框，可以定义背景颜色。其实每个预定义的对象，系统提供的可修改页面的内容并不相同，我们可以在具体实践中掌握。

- 书签：书签是指定给文档中的文本或图形一个特定的名称，对于指定书签的对象来说，书签是一个地址或URL。通过使用书签的超级链接，可以从同一个文档的内部或外部的HTML文档访问任何已经具有书签的对象。
- URL：URL就是统一资源定位符，它是定义文档在因特网位置上的一种独特的地址。要想将转换后的Web文档中的因特网对象成功地链接到另一个文档上，每一个URL组件必须与要链接的URL地址完全匹配。要链接到一个页面或正在浏览的文档中，只需要键入指定的页面或地址就可以了。
- 因特网图层：所有预配置的因特网对象、内嵌的Java程序、Web文本中的HTML文本对象等，都被放置在一个单独的图层上，该图层被称做因特网图层，这个因特网图层在创建因特网对象或导入其他对象时将自动产生，而且因特网图层上的对象不能与该图层上的其他对象相交或重叠。
- 指定书签：可以用"因特网对象"工具栏或"对象属性"泊坞窗口中的因特网页，给Web文档中的任何对象指定一个新的或已经用过的书签。每一个文档页面中的多个对象不能指定同名书签，给一个对象指定书签之后，可以创建一个从相同文件内部或外部的HTML文档到该对象的超级链接。

4．将文档另存为网页格式

选择"文件"|"导出HTML"命令。

- 导出HTML：选择"文件"→"导出HTML"命令，打开如图9-32所示的对话框。

在"HTML排版方式"中的布局样式共有4种，如图9-33所示。用户可以在"导出范围"设置区域中选择导出的方式和范围，完成设置后，单击"确定"按钮，即可完成发布。

图9-32　"导出HTML"对话框

图9-33　布局样式

- 导出到 office：这种格式是将文件导出到 office 中。选择"文件"|"导出到 office"命令，可打开图 9-34 所示的对话框，在对话框中选择导出的位置，单击"确定"按钮即可。
- 导出到网页：导出到网页模式可以将图形在不同的缩放比例下进行优化处理，选择"文件"|"导出到网页"命令，可打开"导出到网页"对话框，如图 9-35 所示。

图 9-34　"导出到 office"对话框

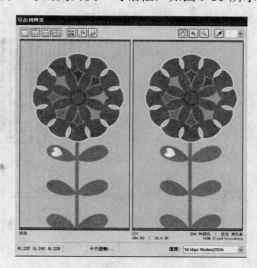

图 9-35　"导出到网页"对话框

在 图标右侧的下拉列表中，可以选择优化的文件大小；在 图标右侧的下拉列表中，可以选择放大比例。在该对话框的右上角显示了显示图形窗口个数的按钮，图 9-36 所示显示的是四个窗口的状态。

图 9-36　图像优化的四个窗口

课后练习

1. 打印文件。

要求：打开一个制作好的文件，根据需要设置印前的数据，并以新文件的方式打印出来。

2. 制作条形码，效果图如图 9-37 所示。

图 9-37　条形码

要求：制作一个行业标准格式为"Code 128"的条形码，条形码中的数字可自由编辑。

反侵权盗版声明

电子工业出版社依法对本作品享有专有出版权。任何未经权利人书面许可，复制、销售或通过信息网络传播本作品的行为；歪曲、篡改、剽窃本作品的行为，均违反《中华人民共和国著作权法》，其行为人应承担相应的民事责任和行政责任，构成犯罪的，将被依法追究刑事责任。

为了维护市场秩序，保护权利人的合法权益，我社将依法查处和打击侵权盗版的单位和个人。欢迎社会各界人士积极举报侵权盗版行为，本社将奖励举报有功人员，并保证举报人的信息不被泄露。

举报电话： (010)88254396；(010)88258888

传　　真： (010)88254397

E－mail： dbqq@phei.com.cn

通信地址： 北京市万寿路 173 信箱
　　　　　电子工业出版社总编办公室

邮　　编： 100036